01 장수하늘소

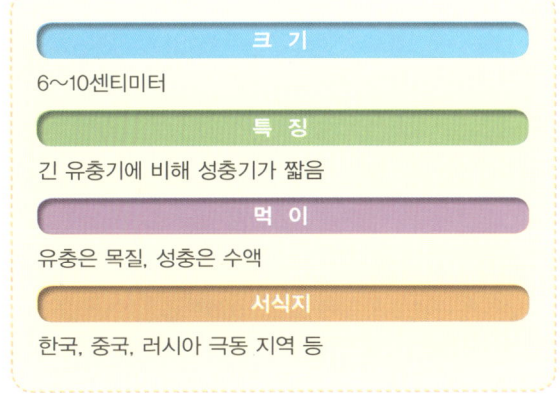

크 기
6~10센티미터

특 징
긴 유충기에 비해 성충기가 짧음

먹 이
유충은 목질, 성충은 수액

서식지
한국, 중국, 러시아 극동 지역 등

동아시아에 서식하는 딱정벌레 종류 중 몸집이 가장 큰 곤충입니다. 우리나라에 개체 수가 많지 않아 천연기념물과 멸종위기야생동물 1급으로 지정해 보호하고 있지요.

장수하늘소는 몸길이가 6~10센티미터에 이릅니다. 이따금 12센티미터나 되는 개체가 발견되기도 하지요. 유충으로 지내는 기간이 5~7년쯤 되는데, 성충이 되고 나서는 수명이 1~3개월밖에 되지 않습니다. 몸통은 전체적으로 흑갈색을 띠며, 곳곳에 노란색 잔털이 나 있지요. 또한 수컷은 암컷에 비해 커다란 큰턱이 위쪽으로 향해 있습니다. 큰턱이란, 절지동물의 입 부분에 있는 한 쌍의 제1 부속지를 가리키지요.

장수하늘소는 참나무나 서어나무가 우거진 숲에서 살아갑니다. 유충 때는 나무 속에서 목질을 갉아먹고, 성충이 되면 수액을 빨아먹지요. 번식기가 되면 암컷이 나무에 구멍을 내 100여 개의 알을 낳습니다.

생생화보로 배우는 곤충사전

차례

- 장수하늘소 ·6
- 사마귀 ·8
- 나비 ·10
- 파리 ·12
- 바퀴벌레 ·14
- 호랑나비 ·16
- 물땡땡이 ·18
- 악어머리뿔매미 ·20
- 거위벌레 ·22
- 톱하늘 ·24
- 비단벌레 ·26
- 소금쟁이 ·28
- 나방 ·30
- 딱정벌레 ·32
- 땅강아지 ·34
- 물자라 ·36
- 쇠똥구리 ·38

- 마른나무흰개미 ·40
- 밤바구미 ·42
- 코끼리장수풍뎅이 ·44
- 무당벌레 ·46
- 잠자리 ·48
- 개미 ·50
- 노린재 ·52
- 물방개 ·54
- 방아깨비 ·56
- 송장벌레 ·58
- 꽃사마귀 ·60
- 반날개 ·62
- 유럽사슴벌레 ·64
- 벌 ·66
- 거미 ·68
- 메뚜기 ·70
- 먼지벌레 ·72

- 사슴벌레 ·74
- 물장군 ·76
- 길앞잡이 ·78
- 자이언트웨타 ·80
- 가뢰 ·82
- 여치 ·84
- 장수풍뎅이 ·86
- 전갈 ·88
- 매미 ·90
- 하루살이 ·92
- 대벌레 ·94
- 귀뚜라미 ·96
- 장구애비 ·98
- 사가페도 ·100
- 골리앗꽃무지 ·102
- 나뭇잎벌레 ·104
- 다우리아사슴벌레 ·106

- 뿔쇠똥구리기 · 108
- 헤라클레스장수풍뎅이 · 110
- 넓적사슴벌레 · 112
- 톱사슴벌레 · 114
- 두점박이사슴벌레 · 116
- 보라금풍뎅이 · 118
- 사슴풍뎅이 · 120
- 풀색꽃무지 · 122
- 호랑꽃무지 · 124
- 대유동방아벌레 · 126
- 홍반디 · 128
- 남생이무당벌레 · 130
- 칠성무당벌레 · 132
- 큰이십팔점박이무당벌레 · 134
- 꽃벼룩 · 136
- 먹가뢰 · 138
- 늦반딧불이 · 140

- 애반딧불이 · 142
- 청가뢰 · 144
- 긴알락꽃하늘소 · 146
- 남색초원하늘소 · 148
- 붉은산꽃하늘소 · 150
- 모자주홍하늘소 · 152
- 별가슴호랑하늘소 · 154
- 검은다리실베짱이 · 156
- 날베짱이 · 158
- 쌕쌔기 · 160
- 긴꼬리 · 162
- 풀무치 · 164
- 콩중이 · 166
- 삽사리 · 168
- 상투벌레 · 170
- 게아재비 · 172
- 참밑들이 · 174

- 칠성풀잠자리붙이 · 176
- 노랑뿔잠자리 · 178
- 고마로브집게벌레 · 180
- 꽃등에 · 182
- 파리매 · 184
- 빨간집모기 · 186
- 어리아이노각다귀 · 188
- 말총벌 · 190
- 장수말벌 · 192
- 어리별쌍살벌 · 194
- 나나니 · 196
- 일본왕개미 · 198
- 고추잠자리 · 200
- 나비잠자리 · 202
- 왕잠자리 · 204

02 사마귀

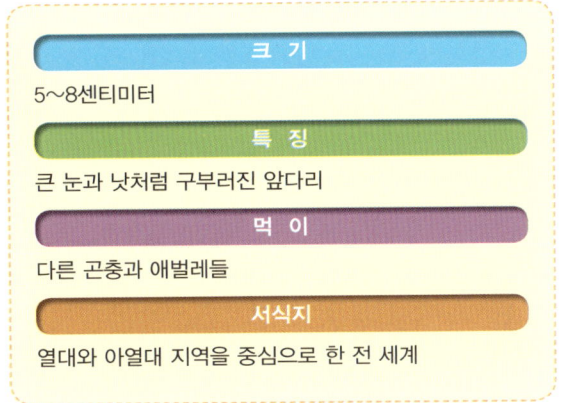

크 기
5~8센티미터
특 징
큰 눈과 낫처럼 구부러진 앞다리
먹 이
다른 곤충과 애벌레들
서식지
열대와 아열대 지역을 중심으로 한 전 세계

   육식을 즐기는 포식성 곤충입니다. '당랑', '버마재비' 등의 이름으로 불리기도 하지요. 주변 환경에 적응하느라 녹색이나 갈색을 띠는 경우가 많습니다.

   사마귀는 몸길이가 5~8센티미터에 달해 곤충치고는 큰 편입니다. 앞다리가 낫처럼 구부러져 공격적인 인상을 갖게 하지요. 머리 모양은 삼각형이고, 앞가슴이 가늘고 기다란 형태입니다. 또한 큼지막하게 돌출된 두 눈은 여러 개의 작은 눈이 모인 겹눈이지요.

   사마귀는 사냥 실력이 매우 뛰어납니다. 길쭉한 앞다리에 날카로운 가시돌기가 있어 다른 곤충을 잡아먹는 데 안성맞춤이지요. 숲에서 살아가는 여러 곤충과 애벌레들에게 사마귀는 공포의 대상이라고 할 만합니다.

   사마귀는 가을에 알을 낳아 번식합니다. 거품을 내어 만든 알집으로 알을 둘러싸 보호하지요. 사마귀 종류는 매우 많아 세계적으로 1,800여 종이 있다고 합니다.

03
나비

크 기
1.3~25센티미터

특 징
두 쌍의 꽃잎 모양 날개

먹 이
꿀, 수분 속 미네랄

서식지
날씨가 춥지 않은 전 세계

주로 밤에 움직이는 나방과 달리 나비는 낮에 먹이 활동을 합니다. 또한 나방이 날개를 펴고 앉는 것과 달리, 나비는 나뭇가지 등에 앉을 때 날개를 접지요. 나방에 비해 나비의 몸이 가느다랗기도 하고요.

나비의 종류는 무려 2만여 종에 달한다고 합니다. 그중 우리나라에는 약 280여 종이 서식하는 것으로 알려져 있지요. 나비는 머리에 두 개의 겹눈과 한 쌍의 더듬이를 갖고 있습니다. 가슴에는 꽃잎 모양의 큼지막한 두 쌍의 날개가 달렸지요. 날개에 아름다운 무늬가 있는 종도 많습니다. 그처럼 겉모습이 예쁜 데다 팔랑거리며 하늘을 나는 모습이 귀여워 예로부터 사람들의 사랑을 받아온 곤충이지요.

나비는 대개 긴 대롱처럼 생긴 입으로 꽃의 꿀을 빨아 먹으며 살아갑니다. 그래서 벌과 함께 꽃가루를 옮겨 식물의 번식을 돕는 역할도 하지요.

04 파리

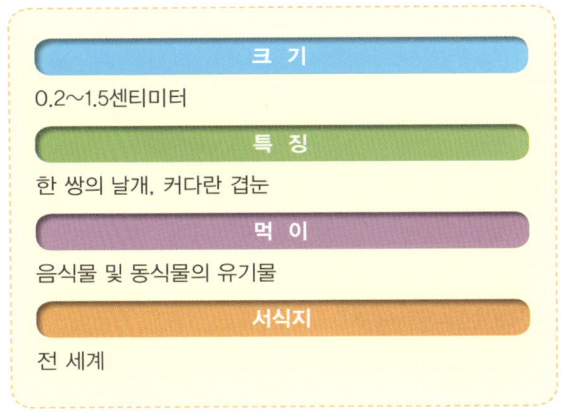

크 기
0.2~1.5센티미터

특 징
한 쌍의 날개, 커다란 겹눈

먹 이
음식물 및 동식물의 유기물

서식지
전 세계

    모기나 바퀴벌레처럼 인간에게 해충으로 평가받는 대표적인 곤충입니다. 우리 주변에서 가장 흔하게 볼 수 있는 종은 집파리와 초파리지요. 전 세계에 약 10만여 종, 우리나라만 해도 약 2,300여 종이 서식한다고 알려져 있습니다.

    파리의 몸은 머리, 가슴, 배, 세 부분으로 구분할 수 있습니다. 몸에는 대부분 점무늬나 줄무늬가 있고 잔털이 덮인 종이 많지요. 여느 곤충과 달리 뒷날개가 퇴화되어 날개가 한 쌍뿐인 종이 흔합니다. 또한 머리의 대부분을 차지하는 겹눈이 도드라져 보이지요. 전체적으로는 몸통이 굵고 더듬이가 짧은 인상입니다. 몸길이는 대개 0.2~1.5센티미터 정도고요.

    파리는 완전탈바꿈을 하는 곤충입니다. 집파리의 경우 한 번 번식할 때 100개 안팎의 알을 낳지요. 유충인 구더기는 동물 사체 같은 유기물에 의지해 성장하며 양분을 섭취합니다.

05
바퀴벌레

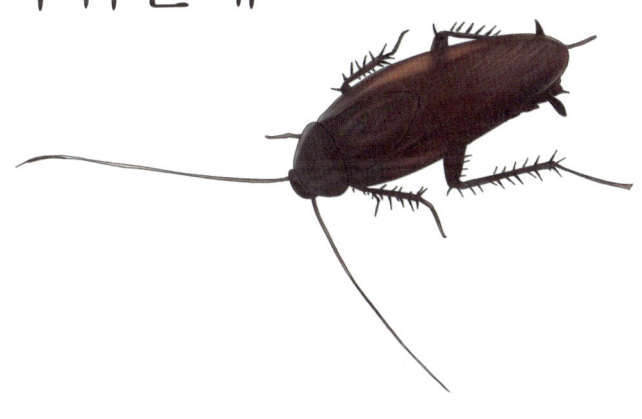

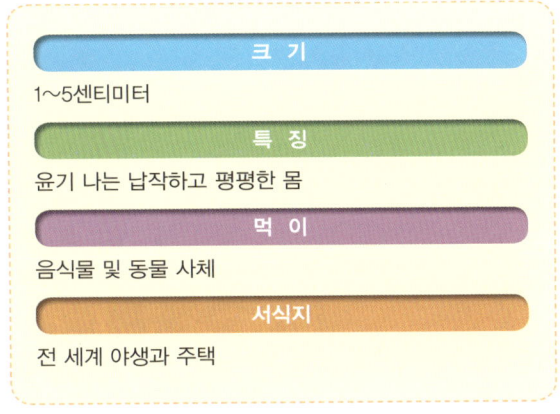

크 기
1~5센티미터

특 징
윤기 나는 납작하고 평평한 몸

먹 이
음식물 및 동물 사체

서식지
전 세계 야생과 주택

    세계적으로 4천여 종이 분포하는 흔한 곤충입니다. 인간의 생활공간에 들어와 사는 경우가 많은 해충이지요. 우리나라에도 약 11종이 서식하는 것으로 알려져 있습니다. 사람들의 해외 교류가 잦아지면서 다양한 종이 국경을 넘어 전파되기도 합니다.

    바퀴벌레의 몸길이는 대개 1~3센티미터, 대형 종은 5센티미터가 넘는 것도 있습니다. 몸이 납작하고 평평하며 광택을 띠지요. 몸 색깔은 대부분 적갈색이나 흑갈색이고요. 종이나 개체에 따라 푸르스름한 빛을 비치기도 합니다. 또한 꼬리 쪽에 진동을 느끼는 감각기관이 있어 쉽게 위협을 감지하는 특징이 있지요. 다리에는 뻣뻣한 털이 나 있어 벽 등을 타고 오르는 데 도움을 줍니다.

    바퀴벌레는 잡식성이라 동물 사체를 비롯해 다양한 음식물을 먹어치웁니다. 빛을 싫어해 주로 밤에 활동하지요. 번식기 암컷은 자기 몸에 알집을 달고 다니기도 합니다.

06

호랑나비

크 기
6.5~9센티미터

특 징
날개의 검고 화려한 무늬

먹 이
꿀, 수분 속 미네랄

서식지
한국, 일본, 중국, 미얀마 등

 우리나라 어디에나 분포하는 나비입니다. 3~11월에 숲이나 공원 등에서 흔히 관찰할 수 있을 만큼 개체 수가 많지요. '범나비'라고도 합니다. 해외에서는 일본, 중국, 미얀마, 미국 하와이 등에서 볼 수 있습니다.

 날개를 활짝 편 호랑나비의 몸길이는 6.5~9센티미터 정도입니다. 옅은 노란색 바탕에 검은 무늬가 화려하게 퍼져 있지요. 날개 끝에 꼬리 모양의 돌기가 길게 튀어나와 있는 것도 눈에 띄는 특징입니다.

 번식기가 되면 암컷 호랑나비는 산초나무, 탱자나무, 황벽나무 등에 노란색 알을 낳습니다. 부화한 애벌레는 그 나뭇잎 등을 갉아먹으며 자라나지요. 애벌레의 몸 색깔은 시기에 따라 흑갈색, 녹갈색, 녹색을 띱니다. 그리고 번데기가 되어 겨울을 난 다음 멋진 성체로 하늘을 날아오르지요. 어른이 된 호랑나비의 수명은 보름 정도밖에 되지 않습니다.

07
물땡땡이

크 기
3~4센티미터
특 징
윤기 나는 검은색 몸
먹 이
잡식성
서식지
한국 등 전 세계 습지

 딱정벌레목에 속하는 곤충입니다. 물에 사는 곤충을 의미하는 '수서곤충'으로, 전 세계 습지에 서식하지요. 과거 우리나라에서는 '보리방개'라고도 불렀습니다.

 물땡땡이는 전체적으로 물방개와 닮은 모습입니다. 몸길이 3~4센티미터에, 몸 색깔은 윤기 나는 검은색이지요. 물방개와는 얼굴 모습이 좀 다른데, 겹눈과 더듬이가 황갈색을 띠어 구별할 수 있습니다. 뒷다리에 가시도 있고요. 아울러 물땡땡이는 호흡할 때 더듬이를 수면 밖으로 내밀어 숨을 쉬는 특징이 있습니다.

 그 밖에도 물땡땡이는 물방개와 다른 먹이 활동을 합니다. 유충이나 성충이나 모두 육식성인 물방개와 달리, 물땡땡이는 유충 때 올챙이 등을 잡아먹다가 성충이 되면 수생식물을 뜯어먹는 초식성 곤충으로 바뀌지요. 그럼에도 번식기에는 다시 육식을 하기도 합니다.

08
악어머리뿔매미

크 기
8~12센티미터

특 징
날개에 도마뱀의 눈 같은 무늬가 있음

먹 이
열대 숲에 자생하는 나무의 수액

서식지
중앙아메리카 및 남아메리카

중앙아메리카와 남아메리카에 서식하는 곤충입니다. 노린재목에 속하는 뿔매미의 일종으로, '풀고라 라테나리아'라는 학명을 갖고 있습니다. 옆에서 보면 악어 얼굴이 보인다고 해서 지금의 이름을 갖게 됐지요. 드물게 '땅콩벌레'라고도 불립니다.

악어머리뿔매미는 몸길이가 8~12센티미터에 달합니다. 머리 모양이 악어뿐만 아니라 얼핏 도마뱀처럼 보이기도 하지요. 그 같은 겉모습이 천적들의 접근을 막아 생명을 지키는 데 도움을 줍니다. 날개를 활짝 펼치면 마치 커다란 도마뱀이 두 눈을 부라리고 있는 것같이 보이거든요. 그 밖에 머리와 가슴, 배 부분의 길이가 비슷하다는 특징도 있습니다.

악어머리뿔매미는 중남미 열대 숲에 자생하는 일부 나무의 수액을 먹고 살아갑니다. 번식도 그곳에서 하는데, 알을 낳으면 그 위에 특별한 물질을 분비해 보호하지요.

09
거위벌레

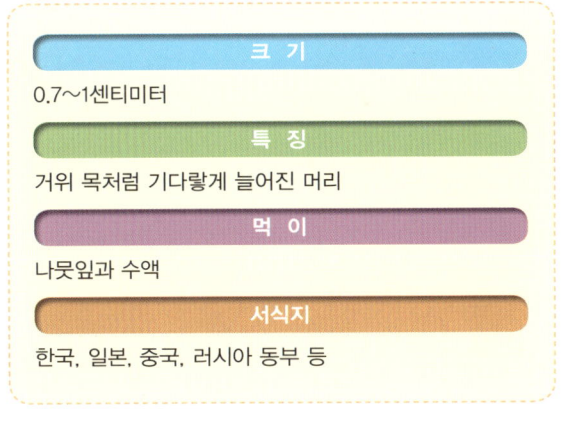

크 기
0.7~1센티미터
특 징
거위 목처럼 기다랗게 늘어진 머리
먹 이
나뭇잎과 수액
서식지
한국, 일본, 중국, 러시아 동부 등

    딱정벌레목에 속하는 곤충입니다. 이름에서 짐작할 수 있듯, 머리 부분이 마치 거위 목처럼 기다랗게 늘어진 특징이 있지요. 그와 같은 개성은 암컷보다 수컷에게서 더욱 두드러집니다. 따라서 암수를 구별하기도 쉽지요.

    거위벌레의 몸길이는 0.7~1센티미터밖에 되지 않습니다. 몸 색깔은 대개 짙은 자줏빛을 띠지요. 다만 머리와 가슴, 다리 부분은 검은색을 보이기도 합니다.

    거위벌레는 주로 참나무, 상수리나무, 떡갈나무 등에 서식합니다. 뾰족한 주둥이로 나무의 수액을 빨아먹거나 이파리를 갉아먹으며 살다가, 가을철이면 나뭇잎을 이용해 알을 낳지요. 나뭇잎에 1~2개씩 알을 낳은 뒤 그것을 정교하게 잘라 돌돌 말아놓는 것입니다. 그 안에서 안전하게 부화한 유충은 내부를 갉아먹으며 성장하다가 흙 속에 들어가 번데기가 되지요. 성충은 이듬해 5~8월에 모습을 드러냅니다.

10
톱하늘소

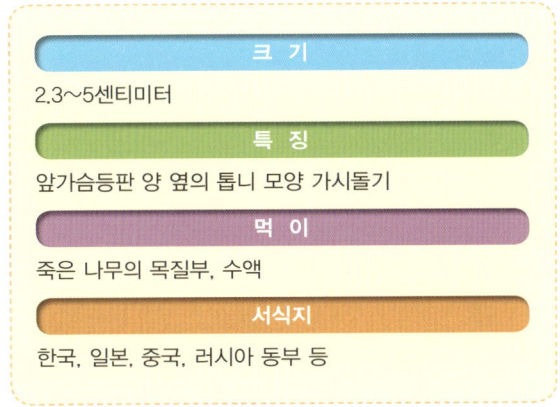

크 기
2.3~5센티미터

특 징
앞가슴등판 양 옆의 톱니 모양 가시돌기

먹 이
죽은 나무의 목질부, 수액

서식지
한국, 일본, 중국, 러시아 동부 등

 딱정벌레목에 속하는 곤충입니다. 전체적인 몸의 형태는 원통형이며, 몸 색깔은 흑갈색을 띱니다. 톱하늘소의 더듬이가 열두 마디로 되어 있는 점은 한반도에 서식하는 여느 하늘소들과 다른 개성이지요. 무엇보다 앞가슴등판 앞쪽 양 옆에 톱니 모양으로 나 있는 가시돌기가 눈에 띄는 특징입니다. 겉모습에 보이는 또 다른 특징을 이야기한다면, 가슴 부위 가운데가 볼록하게 나와 있는 점을 들 수 있습니다.

 톱하늘소의 몸길이는 2.3~5센티미터 정도입니다. 우리나라를 비롯해 일본, 중국, 러시아 동부 지역 등에 분포하지요. 톱하늘소는 완전탈바꿈을 하는 곤충입니다. 알·애벌레·번데기·성충 시기를 차례대로 모두 거친다는 의미입니다. 성충은 5~9월 무렵 산림 지역에서 볼 수 있지요. 유충은 죽은 나무의 목질부를 먹고 살며, 성충은 참나무 등의 수액을 먹이로 삼습니다.

11
비단벌레

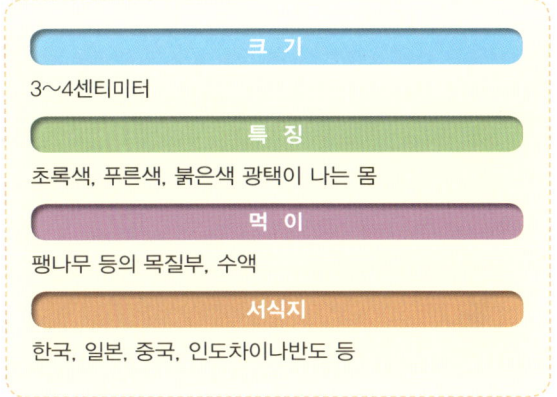

크 기
3~4센티미터
특 징
초록색, 푸른색, 붉은색 광택이 나는 몸
먹 이
팽나무 등의 목질부, 수액
서식지
한국, 일본, 중국, 인도차이나반도 등

    딱정벌레목 비단벌레과에 속하는 곤충입니다. 몸에서 나는 초록색과 푸른색, 붉은색 광택이 아름다워 지금의 이름을 갖게 됐지요. 사람들이 보는 눈은 비슷해, 영어권 국가에서도 '쥬얼비틀(보석벌레)'이라고 불립니다.

    비단벌레의 몸길이는 3~4센티미터 정도입니다. 몸의 형태는 머리 쪽이 넓은 편이며, 뒤로 갈수록 좁아지지요. 주요 서식지는 나무가 우거진 산림 지대입니다. 특히 팽나무나 가시나무, 벚나무 등이 많은 곳을 좋아하지요. 유충이 그런 나무들의 목질부를 먹이로 삼기 때문입니다. 성충은 수액을 빨아먹고 살지요.

    오래 전, 사람들은 비단벌레의 화려한 날개를 떼어 장신구를 만드는 재료로 이용했습니다. 하지만 지금은 개체 수가 많이 줄어 천연기념물과 멸종위기야생동물 1급으로 지정해 보호하고 있지요.

12
소금쟁이

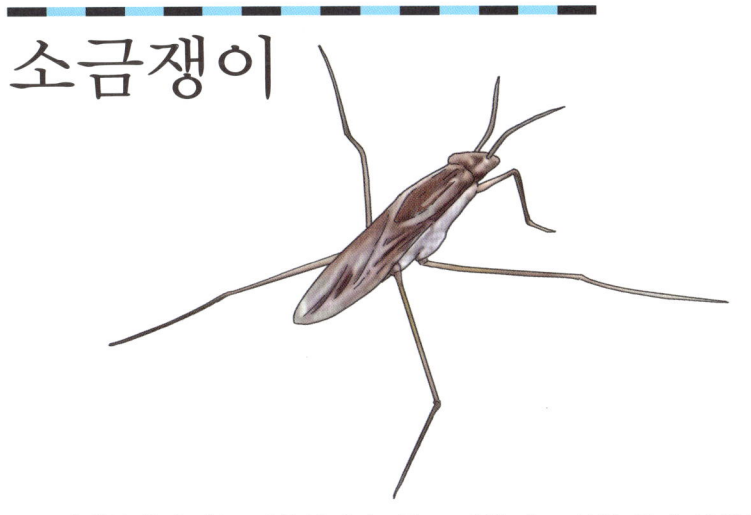

크 기
1.1~1.6센티미터
특 징
가늘고 기다란 다리
먹 이
작은 곤충과 죽은 물고기의 체액
서식지
한국을 비롯한 전 세계

노린재목에 속하는 곤충입니다. 주로 개천, 늪, 연못 등에 서식하는 수서곤충이지요. 더러운 물에서도 잘 살 만큼 생명력이 강합니다. 다만 물속에서 살아가는 여느 수서곤충과 달리, 물 위에서 생활하는 시간이 많은 특징이 있습니다.

소금쟁이는 몸이 가느다란 막대 형태입니다. 특히 앞다리를 제외한 나머지 네 개의 다리가 가늘고 기다란 점이 눈에 띄지요. 더듬이는 매우 짧고요. 몸 색깔은 대개 흑갈색에 갈색 무늬가 나타나 있습니다. 소금쟁이의 몸길이는 1.1~1.6센티미터 정도입니다. 암컷의 몸길이가 수컷보다 좀 더 큰 편이지요.

소금쟁이는 발목마디에 잔털이 많아 물 위에 쉽게 떠 있을 수 있습니다. 몸에도 방수털이 덮여 있지요. 육식성 곤충으로, 수면에 떨어진 작은 곤충들의 체액을 빨아먹으며 삽니다. 이따금 죽은 물고기의 체액을 먹이 삼기도 하지요.

13

나방

크 기
0.4~14센티미터
특 징
통통한 몸과 비늘가루
먹 이
꿀과 과즙, 수액 등
서식지
전 세계

　나비와 달리 주로 밤에 활동하는 곤충입니다. 나비에 비해 통통한 몸을 가졌으며, 나뭇가지 등에 앉을 때 날개를 수평으로 펴는 특징이 있습니다. 전 세계에 약 20만 종 이상이 있고, 우리나라만 해도 1,500여 종이 확인되어 있을 만큼 종류가 다양하지요.

　나방은 알·애벌레·번데기·성충의 4단계를 모두 거치는 완전탈바꿈을 합니다. 날개를 활짝 편 길이가 0.4센티미터에 불과한 것부터 14센티미터에 이르는 것까지 종에 따라 크기가 천차만별이지요. 보통은 4~5센티미터 정도고요. 나방은 나비와 비교했을 때, 몸에 비해 날개가 크지 않습니다. 또한 날개와 몸통, 다리 등이 먼지 같은 비늘가루로 덮여 있지요. 나비도 그런 특징이 있지만, 비늘가루의 양이 더 많은 편입니다.

　나방은 꿀과 과즙, 수액 등을 먹잇감으로 삼습니다. 유충 때는 목질부를 갉아먹으며 살고요. 나방의 몸 색깔과 날개 무늬 등은 수풀 사이에 있을 때 보호색 역할을 합니다.

14 딱정벌레

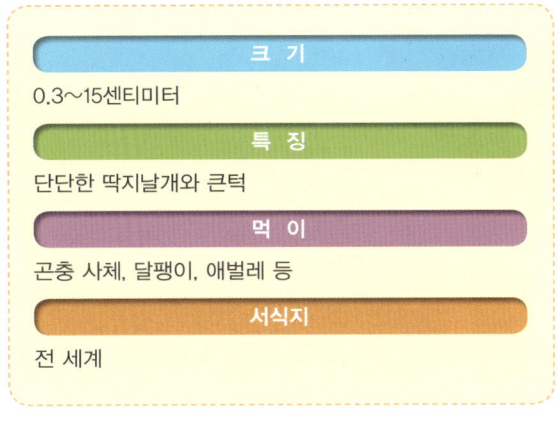

크 기
0.3~15센티미터

특 징
단단한 딱지날개와 큰턱

먹 이
곤충 사체, 달팽이, 애벌레 등

서식지
전 세계

딱정벌레목에 속하는 곤충을 통틀어 일컫습니다. 세계적으로 약 40만 종이 알려져 있으며, 우리나라에도 약 8천여 종이 서식하지요. 전체 곤충 종류 가운데 30퍼센트 넘게 차지할 만큼 개체 수가 많은 무리라고 합니다.

딱정벌레는 몸이 단단한 딱지날개에 덮여 있습니다. 대체로 납작하고 길쭉한 몸매를 갖고 있지요. 다양한 종이 있어, 몸길이도 0.3센티미터에 불과한 것부터 15센티미터가 훌쩍 넘는 것까지 다양합니다. 몸 색깔도 황갈색, 적갈색, 검은색, 붉은색, 초록색 등 다채롭고요.

딱정벌레는 큰턱이 발달해 사냥감을 잡는 데 편리합니다. 입도 튼튼해 먹잇감을 씹어 먹기 좋지요. 딱정벌레는 대부분 육식성으로 곤충 사체나 달팽이, 애벌레 등을 잡아먹고 삽니다. 일부는 목질부를 갉아먹으며 살기도 하지요.

15
땅강아지

크 기
3~3.5센티미터
특 징
두더지처럼 짧고 납작한 앞다리
먹 이
식물 뿌리, 새순, 묘목 줄기 등
서식지
아시아와 아메리카 대륙 등

    메뚜기목에 속하는 곤충입니다. 다른 이름으로 '땅개'라고도 하지요. 주로 아시아, 아메리카 대륙을 비롯해 오스트레일리아 일부 지역에 서식합니다.

    땅강아지는 머리가 원뿔형에 가까운 데다, 앞다리가 두더지처럼 짧고 납작해 흙속에 굴을 파기 안성맞춤입니다. 몸 전체에 미세한 털이 덮여 있어 땅 속에서도 흙이 잘 묻지 않는 특징도 있지요. 여느 곤충에 비해 앞날개가 매우 작지만 비행 실력도 제법 괜찮습니다. 물에서는 헤엄도 잘 치고요.

    땅강아지의 몸길이는 3~3.5센티미터 정도입니다. 몸 색깔은 황갈색이나 흑갈색을 띠지요. 산란기가 되면 습기 있는 흙속에 200~300개에 달하는 알을 낳습니다. 부화한 유충은 자기가 태어난 10~30센티미터 깊이의 땅속에서 생활하다가 우화하지요. 주요 먹이는 식물의 뿌리와 새순, 묘목 줄기 등입니다.

물자라

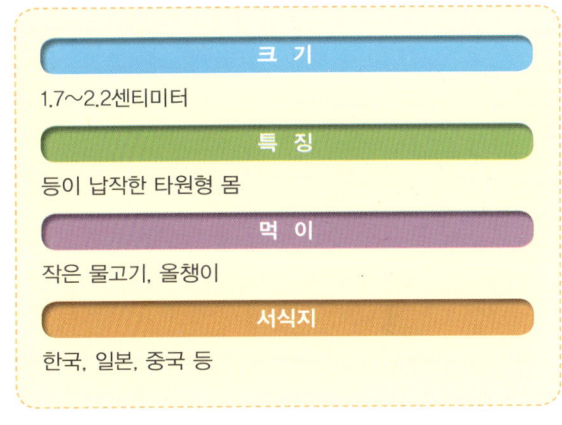

크 기
1.7~2.2센티미터

특 징
등이 납작한 타원형 몸

먹 이
작은 물고기, 올챙이

서식지
한국, 일본, 중국 등

　노린재목에 속하는 곤충입니다. 물살이 세지 않은 하천이나 저수지, 연못 등에 서식하는 수서곤충이지요. 번식할 때 암컷이 수컷의 등에 알덩이를 산란해 붙여놓으면, 수컷이 부화할 때까지 달고 다니는 특징이 있습니다.

　물자라의 몸은 갈색이나 황갈색을 띱니다. 몸길이는 1.7~2.2센티미터 정도지요. 등이 납작한 타원형 몸에, 삼각형 모양의 머리가 돌출한 모습입니다. 앞다리는 주로 먹잇감을 잡는 데, 네 개의 뒷다리는 물속을 헤엄치는 데 이용하지요.

　물자라는 배 끝에 있는 숨관을 수면에 내놓아 호흡합니다. 그러다가 사냥감이 나타나면 재빨리 다가간 다음 앞발로 꽉 움켜쥐어 날카로운 입으로 체액을 빨아먹지요. 주요 먹잇감은 작은 물고기와 올챙이 등입니다. 주요 서식지는 한국, 일본, 중국 등이지요.

17 쇠똥구리

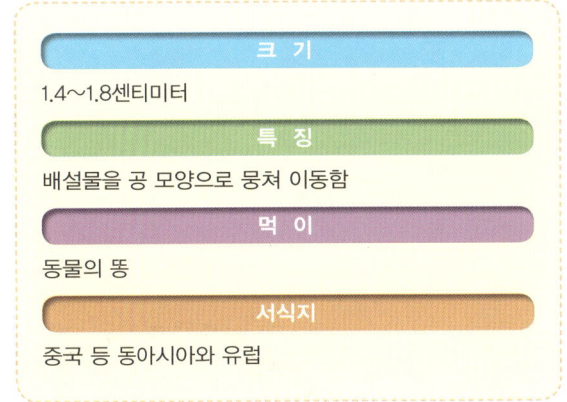

크 기
1.4~1.8센티미터
특 징
배설물을 공 모양으로 뭉쳐 이동함
먹 이
동물의 똥
서식지
중국 등 동아시아와 유럽

딱정벌레목에 속하는 곤충입니다. 중국 등 동아시아 지역을 중심으로 유럽에도 분포하지요. 과거에는 우리나라에서도 흔히 볼 수 있었지만 지금은 개체가 거의 남아 있지 않습니다. 많은 학자들이 우리나라에서는 이미 멸종했다고 판단할 정도지요. 그에 따라 환경부에서는 쇠똥구리를 야생생물 우선 복원 대상으로 선정했습니다.

쇠똥구리의 몸길이는 1.4~1.8센티미터 안팎입니다. 전체적으로 타원형 몸이 윤기 없는 검은색을 띠지요. 짧은 더듬이와, 딱지날개가 앞가슴등판보다 좁은 것도 색다른 모습입니다. 쇠똥구리 성충은 한여름에 가장 활발히 활동하지요.

쇠똥구리는 단지 소의 똥뿐만 아니라 다양한 동물의 배설물을 먹이로 삼습니다. 동물의 똥에 조금 남아 있는 영양소를 걸러내 섭취하는 식이지요. 쇠똥구리는 배설물을 공 모양으로 뭉친 다음 은신처로 가져가는데, 번식기가 되면 그 속에 알을 낳기도 합니다.

마른나무흰개미

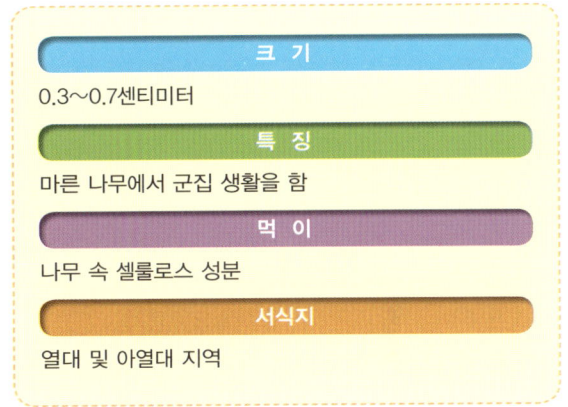

크 기
0.3~0.7센티미터
특 징
마른 나무에서 군집 생활을 함
먹 이
나무 속 셀룰로스 성분
서식지
열대 및 아열대 지역

　흰개미는 바퀴목에 속하는 곤충입니다. 이름과 다르게, 생물 분류학의 관점에서는 개미보다 바퀴벌레에 가까운 종이라는 뜻이지요. 개미와는 굴을 파고 생활하는 '혈거 곤충'이라는 공통점이 있을 따름입니다. 마른나무흰개미도 다르지 않지요.

　마른나무흰개미는 몸길이 0.3~0.7센티미터 정도입니다. 몸 색깔은 크림빛이 감도는 흰색이지요. 여왕개미의 경우 배 부분이 좀 길고, 전체적으로 갈색을 띤다는 차이가 있습니다. 마른나무흰개미는 나무를 갉아먹는 특징을 가졌습니다. 그러다 보니 인간의 생활 속에 들어오면 가구나 목조 건물 등에 피해를 입히기도 하지요.

　대개 열대와 아열대 기후에 서식하는 마른나무흰개미는 2천 마리 안팎으로 군집 생활을 합니다. 여느 흰개미와 달리 땅이 아닌 마른 나무에 서식한다는 차이점이 있지요. 마른나무흰개미는 식물의 구성 물질인 셀룰로스를 섭취하기 위해 나무를 갉아먹습니다.

밤바구미

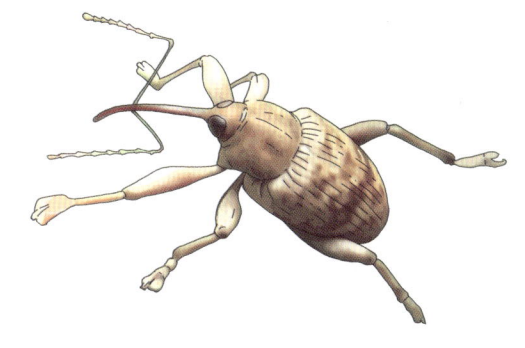

크 기
0.6~1센티미터

특 징
가늘고 긴 주둥이

먹 이
과육, 수액

서식지
한국, 일본, 러시아 동부 등

딱정벌레목에 속하는 곤충입니다. '꿀꿀이바구미'라고도 합니다. 밤 열매 속에 든 애벌레를 발견할 때가 있는데, 그것이 다름 아닌 밤바구미의 유충이지요. 그래서 사람들이 이 곤충을 해충으로 분류합니다.

밤바구미의 몸길이는 0.6~1센티미터 정도입니다. 거기에 약 0.5센티미터에 달하는 주둥이를 갖고 있지요. 밤바구미는 그와 같이 가늘고 기다란 주둥이를 이용해 먹이 활동을 합니다. 또한 번식기에도 주둥이로 과육에 구멍을 뚫은 다음 산란관을 꽂아 알을 낳지요. 12일 후쯤 부화하는 유충은 과육을 파먹으며 자라납니다. 몸 색깔은 짙은 갈색 바탕에 얼룩무늬가 있습니다.

밤바구미는 우리나라를 비롯해 일본, 러시아 동부 지역 등에 분포합니다. 한반도에서는 주로 8~9월에 성충을 볼 수 있지요. 성충의 수명은 15~20일 남짓 됩니다.

20
코끼리장수풍뎅이

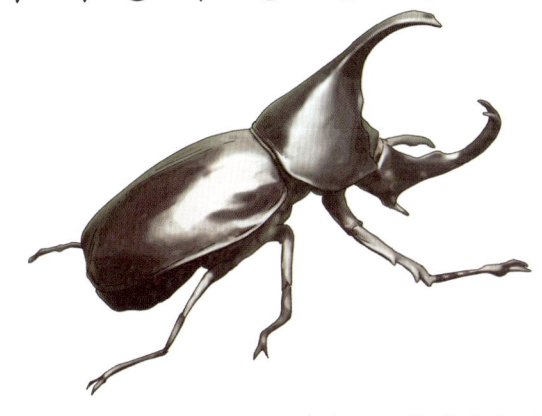

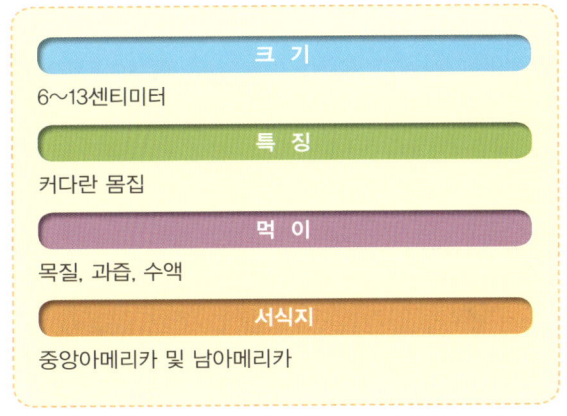

크 기
6~13센티미터

특 징
커다란 몸집

먹 이
목질, 과즙, 수액

서식지
중앙아메리카 및 남아메리카

　중앙아메리카와 남아메리카에 분포하는 곤충입니다. 열대우림 지대에 서식하면서 활엽수의 수액과 과즙을 빨아먹으며 살지요. 애벌레는 수풀 속 썩은 나무에서 발견됩니다. 유충은 한두 해 동안 그곳의 목질을 갉아먹으며 성장하지요.

　코끼리장수풍뎅이는 이름에서 짐작하듯 곤충 치고 몸집이 커다랗습니다. 대개 6~10센티미터에 달하며, 수컷 개체는 13센티미터가 넘는 경우도 드물지 않지요. 몸 색깔은 전체적으로 흑갈색을 띠는데, 일부에는 검은색이 더 폭넓게 나타나기도 합니다. 또한 온몸에 미세한 털이 덮여 있지요.

　코끼리장수풍뎅이 암컷은 머리 부분이 둥글고, 수컷은 위로 솟은 돌기가 있습니다. 아울러 기다란 앞다리와 함께 종아리마디에 가시가 도드라진 특징을 가졌지요. 낮보다는 밤에 활동하는 것을 즐기는 성질도 있습니다.

21 무당벌레

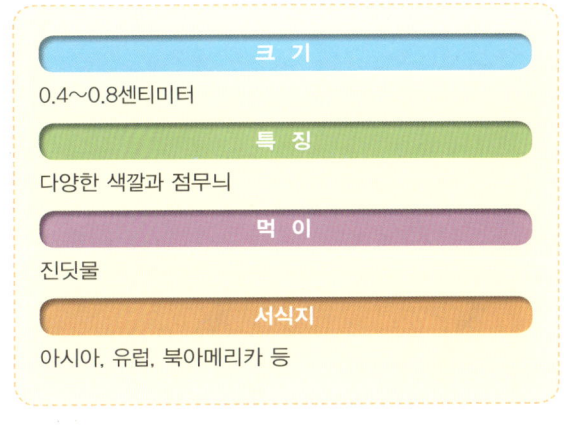

크 기
0.4~0.8센티미터

특 징
다양한 색깔과 점무늬

먹 이
진딧물

서식지
아시아, 유럽, 북아메리카 등

딱정벌레목에 속하는 곤충입니다. 겉모습이 무당이 입는 옷처럼 화려하다고 해서 붙은 이름이지요. 성충은 말할 것 없고 유충도 진딧물을 먹고 살아 인간에게 도움이 되는 익충으로 분류합니다. 우리나라에 서식하는 무당벌레 종류만 해도 90여 종이 넘습니다.

무당벌레는 몸길이가 0.4~0.8센티미터 정도입니다. 작고 둥근 몸을 노란색, 주황색, 검은색 등 다양한 색깔의 날개가 덮고 있는 형태지요. 또한 날개에는 대부분 서너 개에서 십여 개가 넘는 점무늬가 있어 더욱 사람들의 눈길을 사로잡습니다. 머리 부분에도 다양한 색깔이 배색되어 아름다움을 더하지요.

무당벌레는 작은 몸집과 달리 대단한 먹성을 가졌습니다. 하루에 한 마리의 무당벌레가 진딧물 20~30마리를 잡아먹을 정도니까요. 성충은 집단으로 모여 겨울을 나기도 합니다.

잠자리

크 기
2~15센티미터
특 징
머리를 회전할 수 있음
먹 이
각다귀, 모기, 파리 등
서식지
전 세계

잠자리목에 속하는 곤충을 통틀어 일컫습니다. 전 세계에 약 5,700여 종이 분포하지요. 우리나라에서도 120종이 넘는 잠자리가 확인되었습니다. 고생대 석탄기부터 유래했다고 알려질 만큼 역사가 아주 깊은 곤충이지요.

잠자리는 몸길이가 2~15센티미터 정도입니다. 몸은 막대 모양이며, 두 쌍의 큰 날개를 가졌지요. 머리 부분에 큰 겹눈과 큰턱, 가는 털 같은 촉각도 개성 있는 모습입니다. 홑눈은 정수리에 세 개가 있지요. 또한 큰턱과 함께 입틀이 발달해 육식성 먹이 활동에 이롭습니다. 큰턱에는 날카로운 이빨 모양의 돌기도 보이지요. 그리고 무엇보다 머리를 회전할 수 있다는 특징이 있습니다. 기다란 배에는 열 개의 마디가 있고요.

잠자리는 번식기 때 물속이나 물가 식물에 알을 낳습니다. 부화한 유충은 물에서 치어나 올챙이를 잡아먹으며 성장하지요. 잠자리는 번데기 단계가 없는 불완전탈바꿈을 합니다.

23
개미

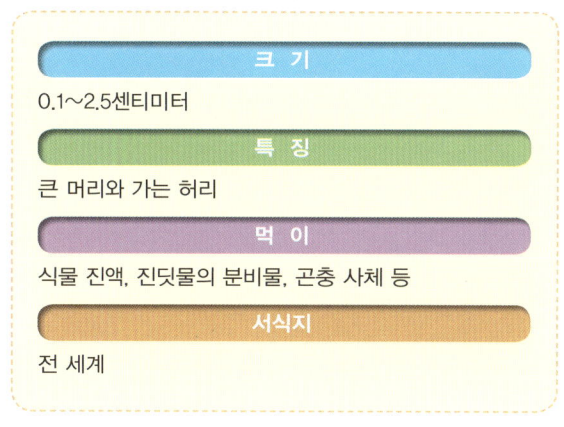

크 기
0.1~2.5센티미터

특 징
큰 머리와 가는 허리

먹 이
식물 진액, 진딧물의 분비물, 곤충 사체 등

서식지
전 세계

    벌목·개미과에 속하는 곤충입니다. 지구상 곤충들 가운데 개체 수가 가장 많다고 알려져 있지요. 개미는 수많은 개체가 함께 모여 역할 분담을 하며 생활하는 사회성 곤충이기도 합니다. 세계적으로 1만4천여 종이 있으며, 우리나라에도 130여 종이 서식한다고 하지요.

    개미의 몸길이는 0.1~2.5센티미터 정도입니다. 몸 색깔은 주로 황갈색, 검은색, 붉은색 등을 띠지요. 전체적으로 머리가 크고, 허리가 가늘며, 타원형의 배를 갖고 있습니다. 또한 턱이 강하게 발달해 먹잇감을 자르고 씹거나 땅을 파는 데 효과적이지요.

    개미는 극지방을 제외한 전 세계에 분포합니다. 대개 초식과 육식을 병행하는 잡식성 곤충이지요. 대부분 땅속에 사는데 일부 종은 통나무 속 같은 데 집을 짓기도 합니다. 참고로, 우리가 잘 아는 흰개미는 개미가 아니라 바퀴목에 속하는 곤충입니다.

24

노린재

크 기
0.5~1.2센티미터

특 징
방패 모양과 비슷한 겉모습

먹 이
식물의 과즙이나 수액, 다른 곤충 등

서식지
전 세계

노린재목에 속하는 곤충입니다. 이름에서 짐작할 수 있듯, 사람이나 천적이 접촉했을 때 노린내 같은 고약한 악취를 풍기지요. 산림뿐만 아니라 도시에서도 흔히 볼 수 있는 곤충으로 알려져 있습니다. 서식지가 넓어 전 세계에 분포하지요.

노린재는 겉모습이 방패 모양과 비슷합니다. 몸 색깔은 대부분 갈색을 띠어 나무에 앉았을 때 보호색 역할을 하지요. 몸길이는 대개 0.5~1.2센티미터 정도입니다. 입 구조가 턱이 가늘고 기다란 침 형태로 되어 있어 식물의 과즙이나 수액 등을 빨아먹기 안성맞춤입니다. 노린재의 종에 따라서는 다른 곤충을 잡아먹는 것도 있습니다.

노린재는 앞서 설명한 악취에다 외피가 단단해 천적들이 쉽게 먹잇감으로 삼지 못합니다. 더구나 번식력이 강해 농촌에서는 여러 농작물에 피해를 입히기도 하지요.

25
물방개

크 기
3.5~4.2센티미터
특 징
몸을 둘러싼 황갈색 띠
먹 이
수생동물과 동물의 사체
서식지
한국, 일본, 중국, 대만, 러시아 등

    딱정벌레목에 속하는 수서곤충입니다. 세계적으로 4천여 종이 있으며, 우리나라에서도 21종이 확인되었지요. 다른 이름으로 '선두리'라고도 합니다. 옛날에는 '쌀방개'라고도 불렸지요. 비슷하게 생긴 물땡땡이는 '보리방개'라고 했고요.

    물방개의 몸길이는 3.5~4.2센티미터 정도입니다. 몸 색깔은 검은데 초록빛 광택이 나지요. 몸을 둘러싼 테두리는 황갈색을 띠고요. 물방개는 호흡을 위해 꽁무니의 구멍을 물속이나 물 밖으로 내밀어 산소를 얻습니다. 공기 방울을 딱지날개 밑에 저장하는 능력도 있지요. 현재 멸종위기야생동물 2급으로 지정되어 보호받고 있습니다.

    물방개는 하천과 연못, 저수지 등에 서식합니다. 유충 때는 치어나 올챙이, 장구벌레 등을 잡아먹고 성충이 되면 그보다 큰 수생동물과 동물의 사체 등을 먹어치우지요. 번식기의 암컷은 수생식물에 알을 낳아 붙여놓습니다.

26
방아깨비

크 기
3~9센티미터

특 징
암컷의 몸이 수컷보다 훨씬 큼

먹 이
벼과 식물

서식지
한국, 일본, 중국 등

메뚜기목에 속하는 곤충입니다. 사람이 뒷다리를 잡으면 방아를 찧듯 위아래로 움직이는 모습에서 이름이 유래했지요. 가을에 논밭이나 들판, 도심의 공원 등에서 흔하게 관찰할 수 있습니다. 환경 적응력이 뛰어난 곤충으로 알려져 있지요.

방아깨비는 암컷이 수컷보다 몸길이가 더 깁니다. 수컷이 3~5센티미터인 데 비해 암컷은 7~9센티미터쯤 되지요. 크기만으로도 성별을 구분할 수 있을 만큼 차이가 납니다. 몸 색깔은 주변 환경에 따라 초록이나 회갈색을 띠지요.

또한 방아깨비의 몸 형태는 머리가 갸름한 원추형이며, 몸과 비교해 더듬이가 짧고 굵은 편입니다. 날개도 제법 발달했지만 여느 곤충들처럼 긴 시간 동안 비행하지는 않지요. 방아깨비는 불완전탈바꿈을 하는 한해살이 곤충으로, 벼과 식물을 먹잇감으로 좋아합니다.

27
송장벌레

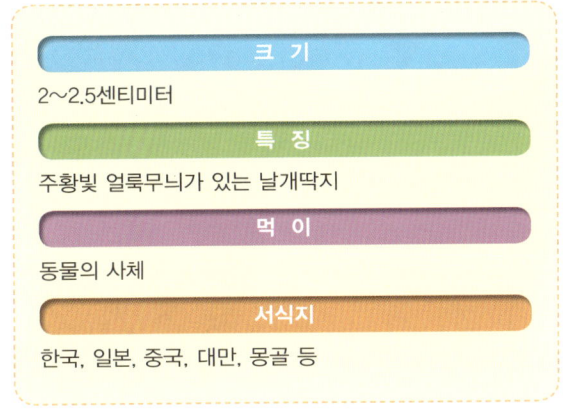

크 기
2~2.5센티미터

특 징
주황빛 얼룩무늬가 있는 날개딱지

먹 이
동물의 사체

서식지
한국, 일본, 중국, 대만, 몽골 등

 딱정벌레목에 속하는 곤충입니다. 다른 동물의 사체를 먹고 살아 지금의 이름으로 불리게 되었습니다. 야산이나 들판에서 어렵지 않게 볼 수 있는 곤충이지요. 우리나라를 비롯해 일본, 중국, 대만, 몽골 등에 분포합니다.

 송장벌레의 몸 색깔은 검은색입니다. 거기에 주황빛 얼룩무늬가 두드러진 날개딱지가 덮여 있지요. 전체적인 몸의 형태는 위아래로 길쭉한 편입니다. 몸길이는 2~2.5센티미터 정도이고요. 몸 아래쪽 가슴 부위에 난 노란색 털이 눈에 띄며, 종아리 마디가 활 모양으로 구부러진 것도 독특한 점입니다.

 송장벌레는 동물의 사체를 먹잇감으로 삼을 뿐만 아니라 번식을 위해 그곳에 알까지 낳습니다. 그때 사체를 땅에 묻기 때문에 숲속의 청소부 역할도 하는 셈이지요. 유충 역시 부화한 후 동물의 사체에서 영양분을 섭취하며 자라납니다.

28
꽃사마귀

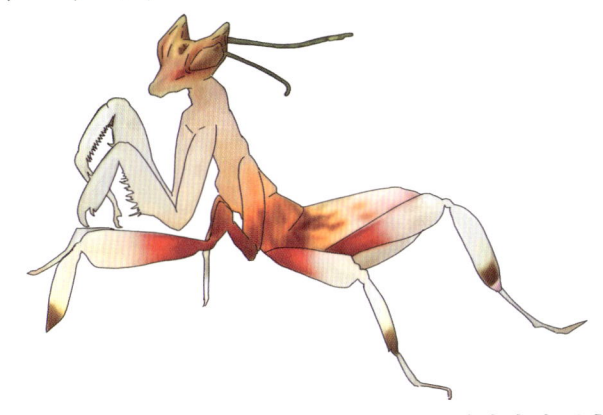

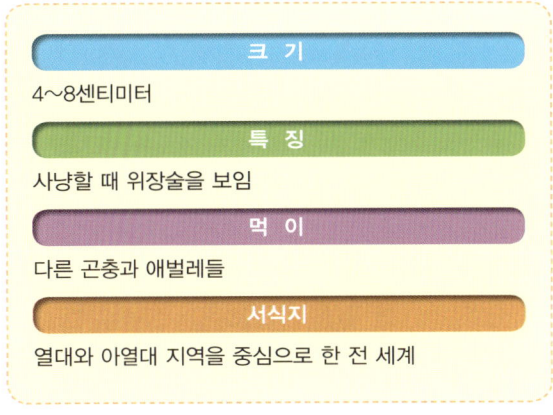

크 기
4~8센티미터

특 징
사냥할 때 위장술을 보임

먹 이
다른 곤충과 애벌레들

서식지
열대와 아열대 지역을 중심으로 한 전 세계

사마귀는 육식성 곤충입니다. 삼각형 머리에 큼지막하게 돌출된 두 눈이 눈길을 끌지요. 낫처럼 구부러진 앞다리는 상대에게 공포감을 심어주기에 충분합니다. 실제로 사마귀는 살아 있는 곤충을 포획하는 실력이 탁월하지요.

그중 꽃사마귀란, 먹잇감을 유인하거나 사냥할 때 특수한 형태의 위장술을 발휘하는 사마귀를 일컫습니다. 이를테면 주변에 서식하는 꽃과 구분하기 어렵게 특정한 색깔을 띠거나 행동하는 것이지요. 마치 꽃잎처럼 보이도록 위장해 자신을 감추는 식입니다. 이런 전략은 다른 곤충의 경계심을 흐트러뜨리는 데 탁월한 효과를 나타내지요.

예를 들어 꽃사마귀 종류 중 난초꽃사마귀라는 것이 있습니다. 동남아시아에 서식하는 사마귀로 몸길이 4~8센티미터 정도지요. 이름에서 알 수 있듯, 이 사마귀는 난초꽃으로 위장해 먹잇감을 유인합니다. 그 밖의 생태는 여느 사마귀와 거의 비슷하지요.

29
반날개

크 기
0.3~2.4센티미터
특 징
날개가 배 부분의 일부만 덮음
먹 이
식물의 잎과 줄기 및 동물 사체
서식지
전 세계

 딱정벌레목에 속하는 곤충입니다. 일반적으로 '반날개과'에 해당하는 곤충을 통틀어 일컫지요. 반날개과는 지금까지 발견된 것만 해도 6만3천여 종에 이릅니다. 청딱지개미반날개, 노랑털검정반날개, 홍딱지바수염반날개 등을 예로 들 수 있지요.
 반날개의 날개는 여느 딱정벌레목 곤충과 달리 배 부분의 일부만 덮는 특징이 있습니다. 몸길이는 0.3~2.4센티미터로 다양하지요. 몸의 형태는 대부분 가느다랗습니다. 몸 색깔은 검은색, 황갈색, 흑갈색 등을 띠지요. 전체 몸에서 날개가 차지하는 비중이 크지는 않지만, 튼튼한 비행 날개가 있어 공중을 잘 날아다닙니다.
 반날개과 곤충은 주로 동물의 사체 근처나 수풀 속에 서식합니다. 먹이는 식물의 잎과 줄기를 갉아먹거나 썩은 동물에게서 유기물을 섭취하지요. 천적이 나타나면 비말을 내뿜어 고약한 냄새를 풍기기도 합니다.

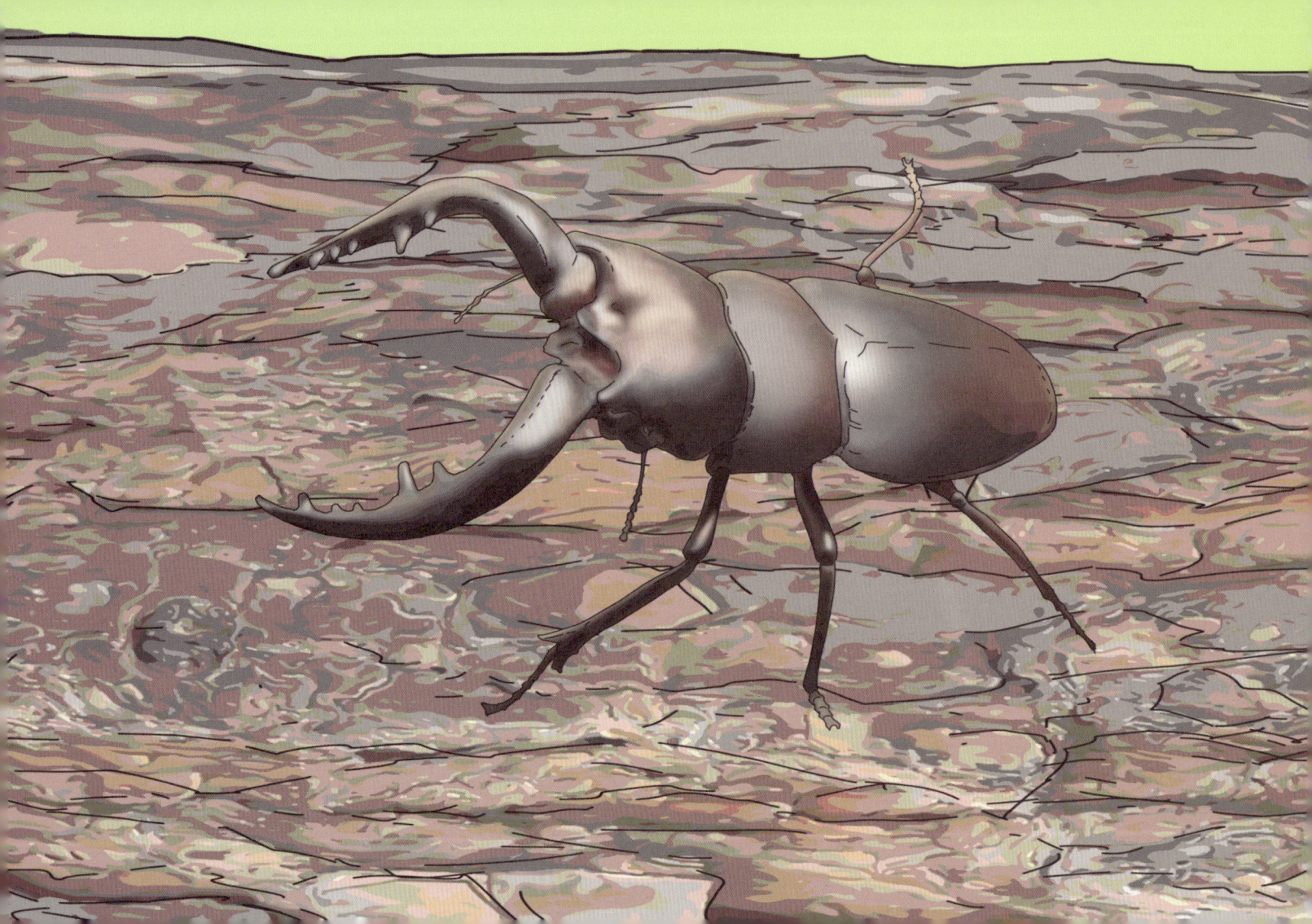

유럽사슴벌레

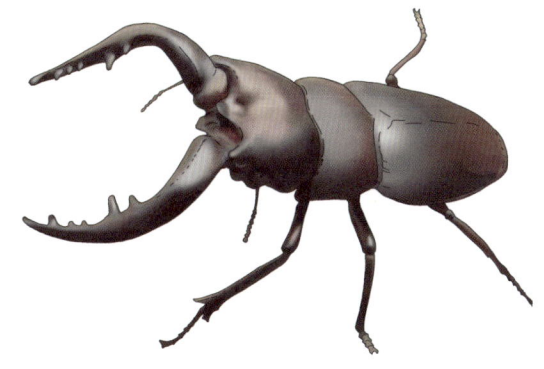

크 기
3.5~10센티미터

특 징
큰 머리와 사슴뿔 같은 상악

먹 이
목질, 과일, 수액

서식지
유럽 전역 및 아시아

'큰사슴벌레'라고도 합니다. 유럽 전역과 아시아에 분포하지요. 주요 서식지는 낙엽수림으로, 썩은 나무와 수액이 풍부한 나무들 사이에서 흔히 발견됩니다. 수컷의 경우는 마치 수사슴처럼 뿔 모양의 거대한 상악을 뽐내지요.

유럽사슴벌레는 사슴벌레 종류 가운데 몸집이 가장 큽니다. 몸길이가 3.5~10센티미터에 달하지요. 유충 때 영양 공급이 충분했던 개체일수록 더 크게 자라납니다. 특히 여느 사슴벌레에 비해 머리 부분이 커서 상대에게 위압감을 더하지요. 몸 색깔은 대체로 검은색이나 흑갈색을 띱니다.

유럽사슴벌레는 주로 밤에 활동하며 과일이나 나무의 수액을 먹이로 삼습니다. 번식기의 암컷은 썩은 나무나 낙엽이 쌓인 곳에 알을 낳지요. 유충은 목질을 갉아먹으며 자라납니다.

31

벌

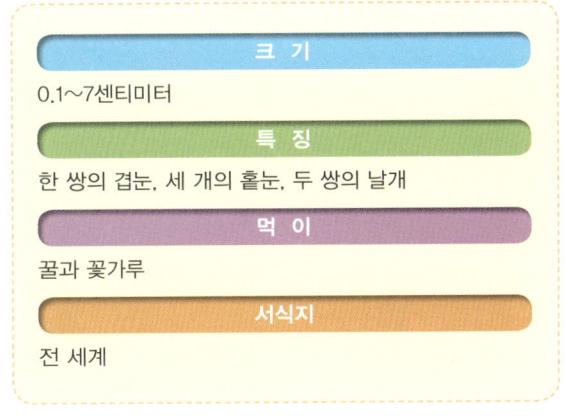

크 기
0.1~7센티미터

특 징
한 쌍의 겹눈, 세 개의 홑눈, 두 쌍의 날개

먹 이
꿀과 꽃가루

서식지
전 세계

　벌목 가운데 개미과를 제외한 날개 달린 곤충을 통틀어 일컫습니다. 전 세계에 약 10만여 종이 분포하며, 우리나라에도 2천여 종이 있지요. 꿀벌, 말벌, 땅벌, 호박벌, 쌍살벌 등을 예로 들 수 있습니다.
　대체로 벌은 여왕벌을 중심으로 사회를 구성합니다. 겉모습은 한 쌍의 겹눈과 세 개의 홑눈, 두 쌍의 날개를 가졌지요. 앞가슴은 작고 좁으며, 입은 꽃가루를 모으거나 꿀을 빨기에 안성맞춤입니다. 꿀벌의 일벌 같은 경우 생식기관이 기능을 잃고 독성을 가진 침으로 바뀌어 호신용 무기 등으로 쓰이지요. 몸길이는 0.1~7센티미터까지 다양합니다.
　벌 성충은 대부분 꿀을 먹고 살아갑니다. 유충 역시 꿀과 꽃가루를 먹이로 삼지요. 하지만 호리허리벌류처럼 유충에게 동물성 먹이를 주는 종류도 있습니다. 또한 벌은 알에서 애벌레, 번데기, 성충을 모두 거치는 완전탈바꿈을 합니다.

32
거미

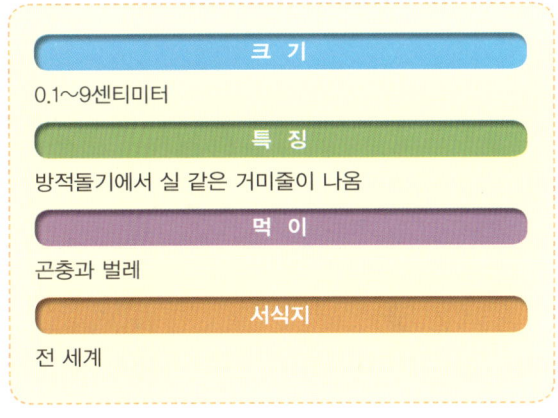

크 기
0.1~9센티미터
특 징
방적돌기에서 실 같은 거미줄이 나옴
먹 이
곤충과 벌레
서식지
전 세계

　거미목에 속하는 절지동물입니다. 흔히 곤충의 일종으로 여겨지지만, 생물 분류학에서는 전갈이나 응애 등과 더 가깝게 구분하지요. 일반적으로 곤충이라고 하면 몸을 머리, 가슴, 배 세 부분으로 나누는데 거미의 경우 머리와 가슴이 합쳐진 머리가슴과 배로 구성됩니다. 다리도 여느 곤충과 달리 여덟 개고요.

　거미는 외골격이 얇아 촉감이 물렁물렁합니다. 마치 여느 곤충의 애벌레를 만지는 느낌이지요. 그리고 무엇보다 가장 큰 특징은 배 끝의 방적돌기에서 거미줄을 뽑아내 그물망을 친다는 점입니다. 거미는 주로 거미줄 위에서 생활하며 사냥할 대상이 걸려들기를 기다리지요. 먹잇감이 잡히면 소화액을 주입해 녹인 다음 내부를 천천히 빨아먹습니다.

　거미의 몸길이는 0.1~9센티미터까지 다양합니다. 전 세계에 4만7천여 종, 우리나라에 500여 종이 서식하는 것으로 알려져 있습니다.

메뚜기

크 기
0.5~12센티미터
특 징
튼튼하게 발달한 뒷다리
먹 이
식물의 잎
서식지
전 세계

   메뚜기목에 속하는 곤충을 통틀어 일컫습니다. 벼메뚜기, 베짱이, 여치뿐만 아니라 귀뚜라미와 땅강아지 등도 포함하지요. 전 세계에 2만여 종, 우리나라에도 200여 종이 분포합니다. 주로 열대삼림과 초원 지대 등에 서식하지요.

   메뚜기의 몸길이는 0.5센티미터에서 12센티미터에 이르는 것까지 다양합니다. 몸 색깔은 초록빛을 띠는 것부터 황갈색, 흑갈색 등을 보이지요. 대부분 뒷다리가 발달해 멀리 뛰는 데 소질이 있습니다. 그래서 자기 몸의 몇 배나 되는 거리도 단숨에 이동하지요. 가슴에 여섯 개의 다리가 모두 달려 있는 점도 주목할 만합니다. 날개도 그렇고요.

   메뚜기는 번데기 단계를 거치지 않는 불완전탈바꿈을 합니다. 번식기가 되면 대부분 땅 속에 산란관을 꽂아 알을 낳지요. 주요 먹이는 식물의 잎입니다. 그래서 떼로 몰려다니며 볏잎 등 농작물에 피해를 입히기도 하지요.

먼지벌레

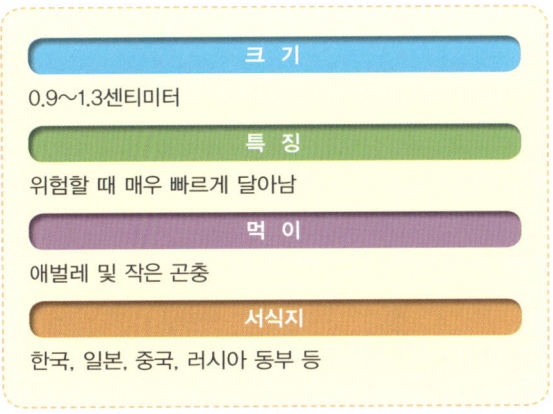

크 기
0.9~1.3센티미터
특 징
위험할 때 매우 빠르게 달아남
먹 이
애벌레 및 작은 곤충
서식지
한국, 일본, 중국, 러시아 동부 등

 딱정벌레목에 속하는 곤충입니다. 과장된 표현이지만, 먼지를 일으킬 만큼 빠르게 움직인다고 해서 지금의 이름이 붙었습니다. 우리나라를 비롯해 일본과 중국, 러시아 동부 등에 분포하지요. 산지에서 낙엽이 쌓인 곳이나 썩은 나무가 있는 환경에 서식합니다.

 먼지벌레의 몸길이는 0.9~1.3센티미터 정도입니다. 몸 색깔은 윤기 나는 검은색에 초록빛이 살짝 감돌지요. 머리 쪽에 희미하게 붉은 점도 보이고요. 주로 밤에 먹이 활동을 하는데, 위험을 느낄 경우 매우 재빠르게 달아나는 순발력을 보입니다. 그럼에도 상대에게 붙잡히면 독한 악취를 내뿜기도 하지요.

 먼지벌레는 유충 때 땅속에서 다른 애벌레 등을 잡아먹습니다. 유충으로 지내는 기간은 약 1년 정도지요. 그리고 성충이 되면 작은 곤충을 잡아먹으며 생활합니다.

사슴벌레

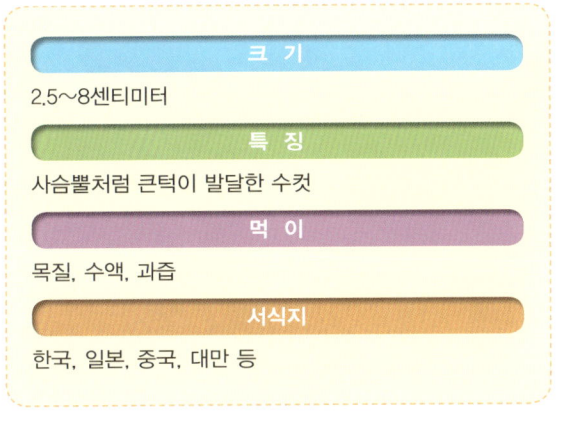

크 기
2.5~8센티미터

특 징
사슴뿔처럼 큰턱이 발달한 수컷

먹 이
목질, 수액, 과즙

서식지
한국, 일본, 중국, 대만 등

딱정벌레목에 속하는 곤충입니다. '집게벌레'라고 부르기도 합니다. 세계적으로 1,600여 종이 있으며, 우리나라에서도 16종이 확인되었습니다. 사슴벌레 수컷의 경우 큰턱이 마치 사슴의 뿔처럼 멋지게 발달해 애완용 곤충으로도 인기가 높지요. 큰턱은 먹이 활동보다 다른 수컷과 경쟁할 때 무기로 사용됩니다.

사슴벌레의 몸길이는 2.5~8센티미터 정도입니다. 몸 색깔은 윤기 나는 흑갈색이나 황갈색을 띠며, 외골격이 단단하지요. 또한 등딱지날개에는 잔털이 덮여 있는 것을 볼 수 있습니다. 등딱지날개 속에는 얇은 뒷날개가 있어 비행이 가능하지만 솜씨가 좋지는 않지요.

사슴벌레는 완전탈바꿈을 하는 곤충입니다. 애벌레는 주로 썩은 나무나 낙엽 더미 등에서 발견됩니다. 유충은 2~3년 후 성충이 되며, 장수풍뎅이와 달리 꽤 오랜 기간 생존하지요. 우리나라에서는 주로 참나무가 많은 곳에서 생활하며 나무의 수액 등을 먹고 삽니다.

36
물장군

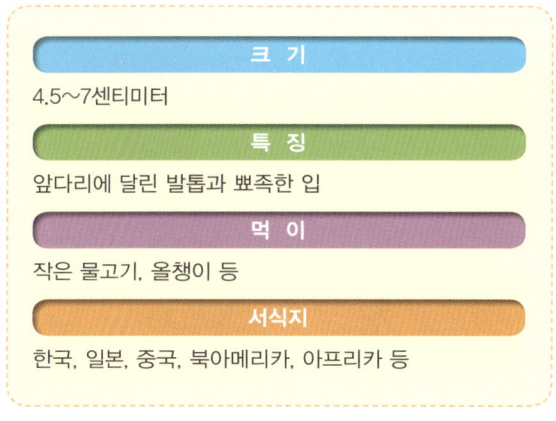

크 기
4.5~7센티미터
특 징
앞다리에 달린 발톱과 뾰족한 입
먹 이
작은 물고기, 올챙이 등
서식지
한국, 일본, 중국, 북아메리카, 아프리카 등

노린재목에 속하는 수서곤충입니다. 우리나라에 서식하는 노린재 종류 가운데 몸집이 가장 크지요. 몸길이가 4.5~7센티미터에 달합니다. 주요 분포 지역은 동아시아를 비롯해 북아메리카와 아프리카 등이지요. 지금은 개체 수가 많이 줄어들어, 우리나라에서는 멸종위기야생동물 2급으로 지정해 보호하고 있습니다.

물장군은 하천이나 저수지, 웅덩이 같은 민물 습지에서 생활합니다. 작은 물고기나 올챙이 등을 포획해 체액을 빨아먹지요. 앞다리에 발톱이 달린 데다 뾰족한 입을 가져 그와 같은 먹이 활동을 하기에 좋은 구조입니다. 전체적인 몸 색깔은 갈색이며 머리가 작은 편이지요. 더듬이는 겹눈 밑에 있어 잘 보이지 않습니다.

물장군은 번식기가 되면 수초 줄기에 수십 개의 알을 낳아 붙여놓습니다. 알이 부화할 때까지 수컷이 정성껏 보호하지요. 물장군은 불완전탈바꿈을 합니다.

37
길앞잡이

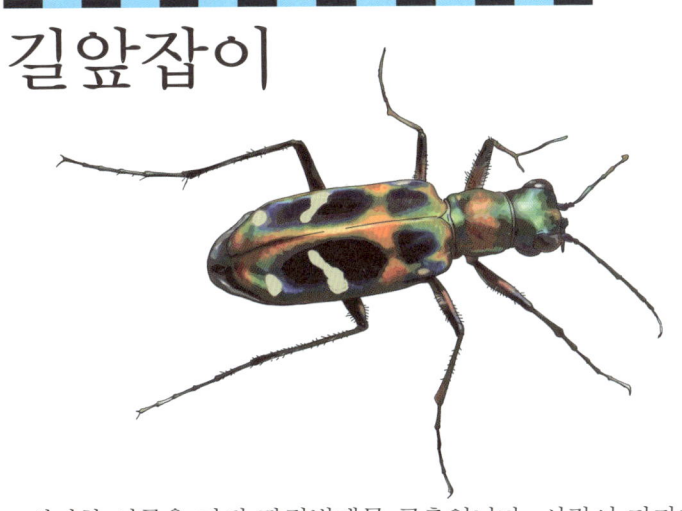

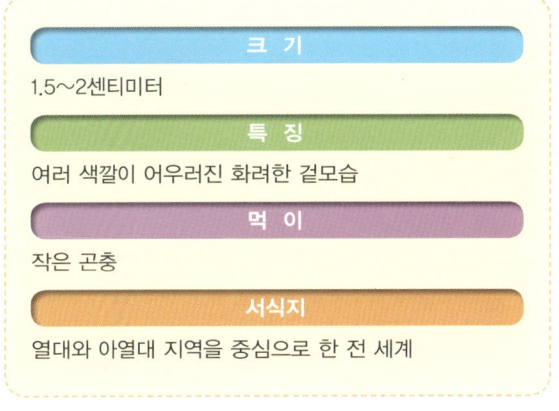

크 기
1.5~2센티미터
특 징
여러 색깔이 어우러진 화려한 겉모습
먹 이
작은 곤충
서식지
열대와 아열대 지역을 중심으로 한 전 세계

　신기한 이름을 가진 딱정벌레목 곤충입니다. 사람이 다가가면 훌쩍 날아올라 수 미터 멀어진 다음, 또 가까이 접근하면 비슷한 행동을 반복해 지금의 이름이 붙었지요. 아주 멀리 달아나는 것도 아니라, 그 행동이 마치 길 안내를 하는 것같이 보이기 때문입니다.

　길앞잡이의 몸길이는 1.5~2센티미터 정도입니다. 몸 색깔은 초록색, 청색, 붉은색, 황금색이 어우러져 매우 화려한 모습이지요. 몸에 비해 크게 발달한 턱을 갖고 있으며, 다리가 가늘고 길어 빠른 속도로 움직일 수 있습니다.

　길앞잡이는 겉보기와 달리 성질이 사납습니다. 만만한 상대에게는 길고 날카롭게 발달한 턱으로 공격성을 드러내기 일쑤지요. 주요 먹잇감도 숲에 사는 작은 곤충들입니다. 그래서 영어로는 '타이거비틀'이라고 불릴 만큼 악명이 높지요. 다만, 사람에게 피해를 입힐 정도는 아니라고 합니다.

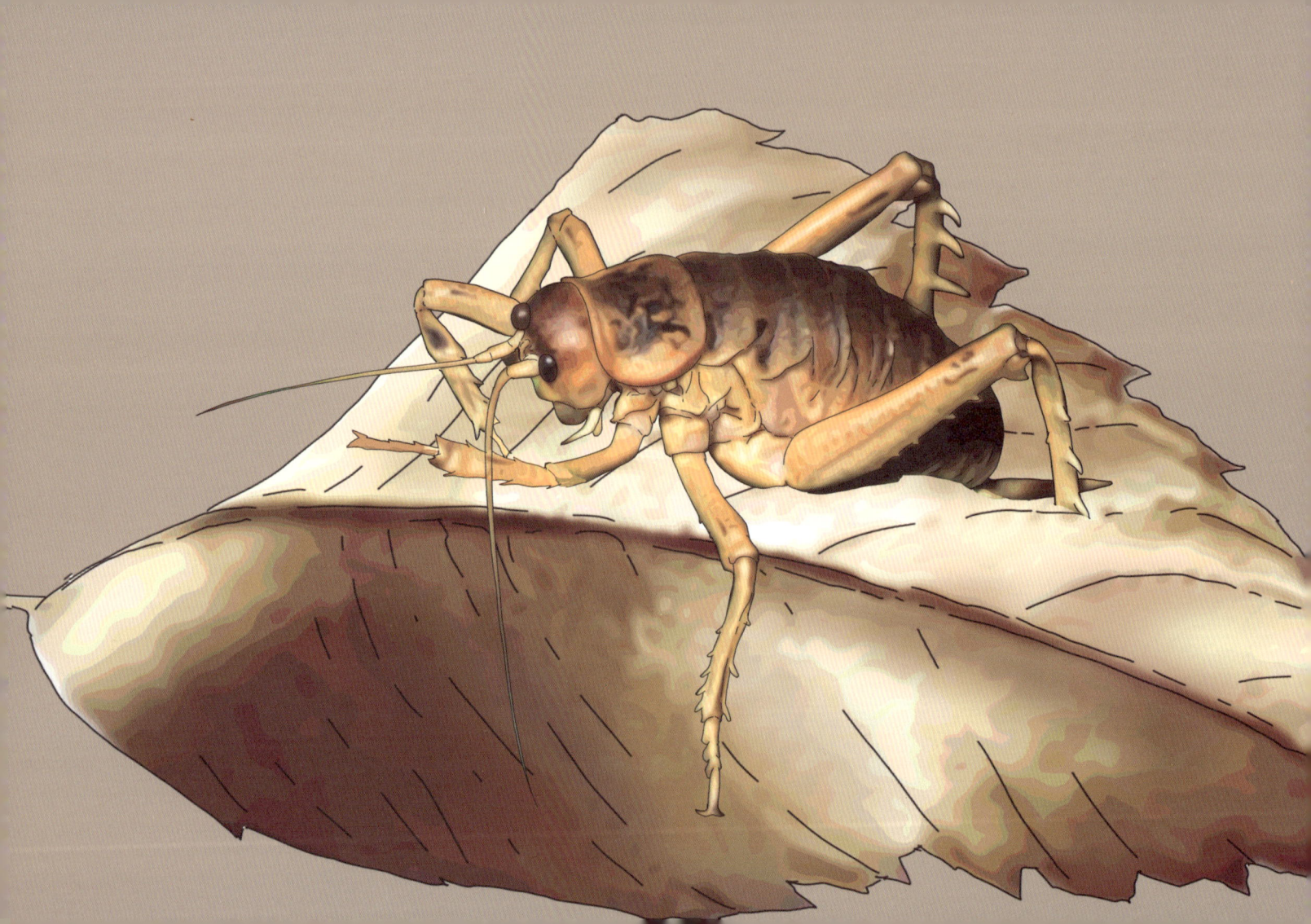

38
자이언트웨타

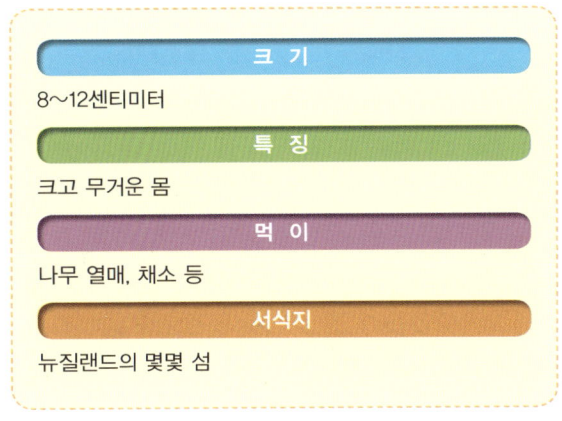

크 기
8~12센티미터

특 징
크고 무거운 몸

먹 이
나무 열매, 채소 등

서식지
뉴질랜드의 몇몇 섬

 메뚜기목에 속하는 곤충입니다. '웨타'는 오세아니아 지역에 분포하는 꼽등이과와 일부 어리여치과를 통틀어 일컫는 말이지요. 자이언트웨타는 그와 같은 웨타 종류 가운데 몸집이 가장 크고 무겁습니다. 몸길이 8~12센티미터, 몸무게 역시 30~50그램에 달하지요. 그 정도면 곤충 세계에서 '자이언트'라는 수식어가 붙을 만합니다.

 자이언트웨타는 현재 뉴질랜드의 몇몇 섬에만 서식합니다. 과거에는 자이언트웨타의 서식지가 지금보다 훨씬 넓었지요. 하지만 오세아니아 지역에 유럽으로부터 쥐가 들어오면서 개체 수가 빠르게 줄어들었습니다. 쥐가 천적으로 등장한 것입니다.

 자이언트웨타는 '거대한' 겉모습과 달리 초식성 먹이 활동을 하며, 성격도 온순한 편입니다. 몸집에 비해 뒷다리가 짧아 점프를 잘 못하는 데다 움직임도 많지 않습니다.

39

가뢰

크 기
0.7~2센티미터

특 징
'칸타리딘'이라는 독소가 있음

먹 이
식물의 꽃과 잎, 줄기 등

서식지
전 세계

딱정벌레목에 속하는 곤충입니다. '반묘'라는 이름으로 불리기도 하지요. 영어권 국가에서는 '오일비틀', 즉 기름벌레라고 합니다.

가뢰는 독충이자, 한방에서 쓰는 약용 곤충으로 알려져 있습니다. 우리나라에 서식하는 곤충 중에 독성이 강한 편에 속하지요. 가뢰는 다리관절 사이에서 '칸타리딘'이라는 독소를 내뿜어 적을 공격합니다. 이 물질이 사람의 피부에 닿으면 몇 시간 뒤부터 따갑고 간지럽다가 물집이 생기기도 하지요. 그런데 가뢰는 그 같은 독성 때문에 약으로 쓰이기도 합니다. 이 곤충을 말려 가루로 빻은 다음 피부염 치료제 등으로 이용하지요.

가뢰의 몸길이는 0.7~2센티미터 정도입니다. 몸 색깔은 검은색 바탕에 푸르스름한 빛을 띱니다. 날개가 작아 하늘을 나는 능력은 없으며 식물의 꽃과 잎, 줄기 등을 먹고 살지요.

40

여치

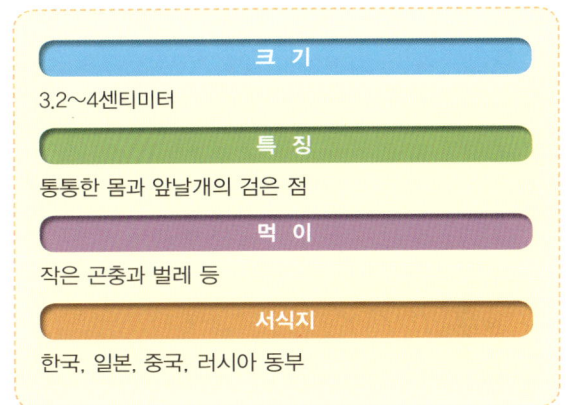

크 기
3.2~4센티미터

특 징
통통한 몸과 앞날개의 검은 점

먹 이
작은 곤충과 벌레 등

서식지
한국, 일본, 중국, 러시아 동부

 메뚜기목에 속하는 곤충입니다. 대개 초식성인 메뚜기와 달리, 여치는 잡식성이지요. 굳이 구분하자면 육식성이 좀 더 강하다고 할 수 있습니다. 작은 곤충이나 벌레를 주요 먹잇감으로 삼는 경우가 더 많으니까요.

 여치의 몸길이는 3.2~4센티미터 정도입니다. 몸이 통통하며, 몸 색깔은 초록색이나 황갈색을 띠지요. 앞날개 가운데에 검은 점이 줄지어 있는 것과 튼튼하게 발달한 뒷다리도 눈에 띄는 개성입니다. 특히 수컷은 날개가 겹치는 곳에 발음기가 있어 '찌르르찌르르' 하는 소리를 내고는 하지요.

 여치는 주로 산지의 해가 잘 드는 풀숲에서 서식합니다. 성충은 6~9월에 그 모습을 가장 많이 볼 수 있지요. 암컷은 1년에 한 번 땅속이나 식물의 조직 안에 산란합니다. 여치는 불완전탈바꿈을 하며, 주요 분포지는 우리나라를 비롯한 동아시아 지역입니다.

41
장수풍뎅이

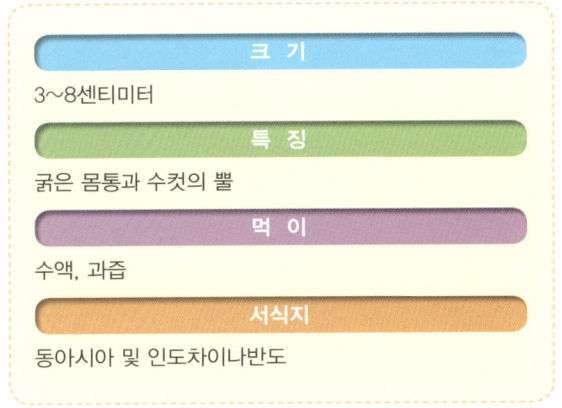

크 기
3~8센티미터

| 특 징 |
굵은 몸통과 수컷의 뿔

| 먹 이 |
수액, 과즙

| 서식지 |
동아시아 및 인도차이나반도

　딱정벌레목에 속하는 곤충입니다. 알과 애벌레, 번데기를 거쳐 성충이 되는 완전탈바꿈을 하지요. 요즘은 단단한 외골격과 멋진 뿔, 그리고 번식력이 뛰어나 애완 곤충으로도 널리 사랑받고 있습니다.

　장수풍뎅이의 몸길이는 3~8센티미터 정도입니다. 몸 색깔은 흑갈색이나 적갈색을 띠지요. 갑옷을 두른 듯한 몸통이 굵고 다리 힘이 세 무척 강인한 인상입니다. 하지만 나무의 수액을 빨아먹고 사는 초식성 곤충이며, 수컷의 뿔도 상대를 뒤집는 용도로만 쓰이지요. 그 뿔로 여느 곤충이나 동족의 목숨을 해치지는 않는다는 말입니다.

　장수풍뎅이는 주로 참나무, 밤나무, 상수리나무 등에 서식합니다. 야행성이며, 평균 수명이 1년에 불과하지요. 그중에서도 성충으로 지내는 기간은 길어도 석 달이 되지 않습니다. 암컷은 한 번에 수십 개의 알을 낳지요.

42

전갈

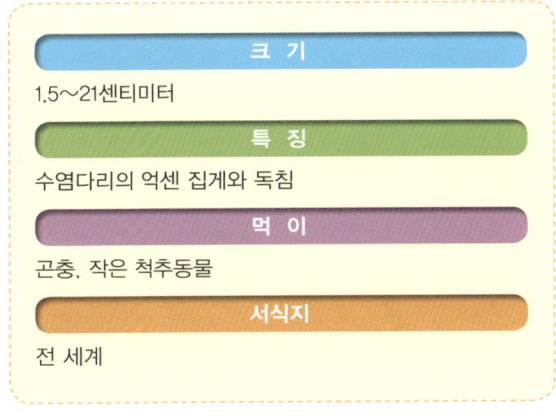

크 기
1.5~21센티미터

특 징
수염다리의 억센 집게와 독침

먹 이
곤충, 작은 척추동물

서식지
전 세계

   전갈목에 속하는 곤충을 통틀어 일컫습니다. 지구상에 출현한 역사가 아주 오래되었는데, 고생대 실루리아기부터 존재했다고 알려져 있지요. 당시와 지금의 전갈 모습이 거의 비슷한 점도 주목할 만합니다. 전갈은 전 세계에 분포하며 약 1,100여 종이 있지요. 하지만 우리나라에는 북부 지방에 단 한 종만 서식한다고 합니다.

   전갈은 종에 따라 몸길이가 1.5~21센티미터로 다양합니다. 몸은 머리가슴과 긴 배로 나뉘며, 두꺼운 껍질로 덮여 있습니다. 여섯 마디로 나뉜 수염다리는 끝에 억센 집게가 달려 있지요. 그 밖에 네 쌍의 다리가 있고, 꼬리 부분에 한 개의 독침이 있습니다.

   전갈은 주로 굴을 파고 살며, 밤에 먹이 활동을 해 곤충들을 잡아먹습니다. 수염다리의 집게로 먹잇감을 포획해 진액을 빨아먹지요. 때로는 작은 척추동물을 사냥하기도 하는데, 그때는 꼬리 쪽에 있는 독침으로 상대를 마비시키고는 합니다.

43 매미

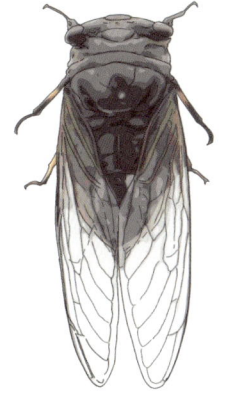

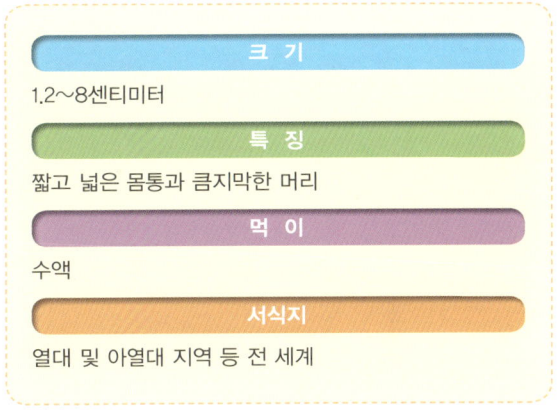

크 기
1.2~8센티미터

특 징
짧고 넓은 몸통과 큼지막한 머리

먹 이
수액

서식지
열대 및 아열대 지역 등 전 세계

    노린재목에 속하는 곤충입니다. 전 세계에 약 1,500여 종이 알려져 있으며, 그중 우리나라에는 참매미, 말매미, 유지매미 등 13종의 매미가 서식합니다. 수컷의 경우 발음 기관과 공명 기관이 있어 '맴맴' 소리를 내지요.

    매미의 몸길이는 1.2~8센티미터 정도입니다. 큼지막한 머리에 겹눈이 돌출되어 있고, 세 개의 홑눈이 정수리에 붙어 있지요. 몸통은 짧고 넓은 편이며, 입은 찔러서 빠는 형태로 몸 아래쪽에서 관찰할 수 있습니다. 막질로 된 앞뒤날개는 잘 발달해 하늘을 날기 적합하지요.

    매미는 열대성 기후를 중심으로 서식합니다. 우리나라에서도 여름을 대표하는 곤충으로 손꼽히지요. 그런데 매미는 수 년, 심지어 10년이 넘는 유충 기간에 비해 성충의 수명이 아주 짧아 한 달이 채 되지 않는 경우가 많습니다. 그동안 대부분의 매미가 나무에 붙어 수액을 빨아먹으며 번식한 뒤 생을 마치지요.

하루살이

크 기
1.2~2센티미터

특 징
퇴화한 입과 소화기관

먹 이
유충 때는 물속 유기물, 성충은 먹지 않음

서식지
전 세계

하루살이목에 속하는 곤충을 통틀어 일컫습니다. 전 세계에 2,500여 종이 존재하며, 우리나라에서는 80여 종이 확인되었지요. 하루살이는 이름에서 짐작할 수 있듯 성충의 수명이 단 몇 시간에서 1~2주에 불과할 만큼 짧습니다. 하지만 물속에서 생활하는 유충은 성충이 되기까지 대개 1~3년의 시간을 필요로 하지요.

하루살이의 몸길이는 1.2~2센티미터 정도입니다. 불완전탈바꿈을 하는데, 성충으로 탈피해 짝짓기를 하고 나면 곧 생을 마치지요. 성충은 더듬이가 매우 짧으며, 유충 때와 달리 입이 퇴화해 먹이 활동을 하지 못합니다. 소화기관도 없고요. 또한 앞날개가 뒷날개에 비해 훨씬 큰데, 뒷날개가 아예 없는 종도 있지요.

하루살이 성충은 무리지어 하늘을 나는 모습을 자주 보입니다. 번식력이 왕성해 순식간에 개체 수가 폭증하고는 하지요. 하루살이 떼는 이따금 도심에도 나타나 화제가 됩니다.

45 대벌레

크 기
7~10센티미터
특 징
나뭇가지 형태의 몸
먹 이
활엽수 잎
서식지
한국, 일본, 동남아시아 등

   대벌레목에 속하는 곤충을 가리킵니다. 몸의 형태가 나뭇가지 같아 천적들의 눈에 잘 띄지 않지요. 종에 따라 나뭇잎 모양인 것도 있습니다. 대벌레는 참나무나 상수리나무 같은 활엽수의 잎을 주요 먹이로 삼지요.

   대벌레의 몸길이는 7~10센티미터 정도입니다. 그런데 동남아시아에 서식하는 종은 그 길이가 무려 20~30센티미터가 넘는 것도 있지요. 흔히 암컷이 수컷보다 더 길며, 몸 색깔은 주변 환경에 따라 초록색이나 황갈색으로 달라집니다. 날개는 퇴화했지만 다리가 발달해 걸어 다니는 데는 지장이 없습니다.

   대벌레의 생활공간은 나무나 수풀입니다. 그곳에서 자신을 보호하다가 천적의 눈에 띄면 스스로 다리를 하나 떼어버리고 달아나기도 하지요. 대벌레는 환경이 나쁘면 암수가 짝짓기하지 않고 새 개체를 만드는 단위생식을 합니다.

귀뚜라미

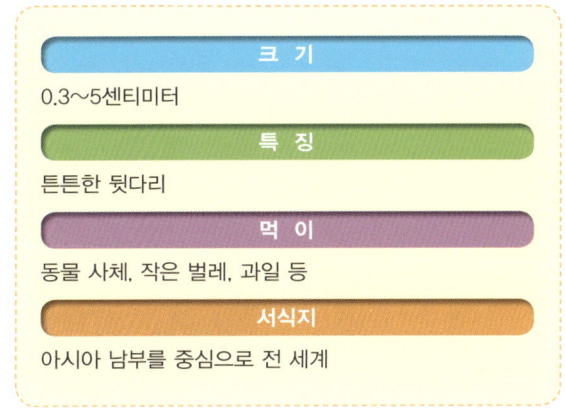

크 기
0.3~5센티미터

특 징
튼튼한 뒷다리

먹 이
동물 사체, 작은 벌레, 과일 등

서식지
아시아 남부를 중심으로 전 세계

 메뚜기목에 속하는 곤충입니다. 세계적으로 2천여 종이 넘고, 우리나라에도 40여 종이 서식하지요. 특히 아시아 대륙 남쪽에 많이 분포합니다. 초원에서도 볼 수 있고, 사람들이 사는 마을에서도 흔히 발견되지요.

 귀뚜라미의 몸길이는 0.3~5센티미터까지 다양합니다. 우리나라에서 발견되는 종은 대개 1.3~2센티미터 정도지요. 몸 색깔은 황갈색이나 흑갈색을 띠고요. 귀뚜라미는 무엇보다 뒷다리가 발달했습니다. 어디서든 위협을 느끼면 뒷다리의 강력한 힘으로 멀리 달아날 수 있지요. 또한 신기하게 뒷다리에 고막 기관이 있어 청각 기능을 담당하기도 합니다.

 귀뚜라미는 잡식성 곤충입니다. 동물 사체나 작은 벌레 같은 동물성 먹이를 비롯해 과일이나 열매 같은 식물성 먹이도 즐겨 먹지요. 아울러 수컷 귀뚜라미는 발음기가 있는데, 그것으로 특유의 소리를 내 상대를 견제하거나 암컷을 유혹합니다.

47

장구애비

크 기
3.5~4센티미터

특 징
낫 모양의 앞다리와 긴 호흡 기관

먹 이
작은 물고기, 올챙이 등

서식지
한국, 인도, 인도네시아, 일본, 대만, 중국 등

    노린재목에 속하는 수서곤충입니다. 물속에서 앞다리를 움직이는 모습이, 마치 사람이 장구를 치는 동작과 닮았다고 해서 지금의 이름이 붙었지요. 주요 분포지는 우리나라를 비롯해 인도, 인도네시아, 일본, 대만, 중국 등입니다.

    장구애비는 습지, 하천, 저수지 등에 서식합니다. 물살이 세고 맑은 곳보다는 수풀이 많은 고인 물을 더 좋아하지요. 또한 장구애비는 호흡관을 수면 위로 내밀어 숨을 쉬는 특징이 있습니다. 낮에는 물속 낙엽 더미 등에 몸을 숨기고 있다가 밤이 되면 낫처럼 생긴 날카로운 앞다리로 작은 물고기나 올챙이를 잡아 체액을 빨아먹지요.

    장구애비의 몸길이는 3.5~4센티미터 정도입니다. 몸 색깔은 검은빛이 도는 갈색이고요. 겉모습의 특징으로는 낫 모양의 앞다리와 배 끝에 위치한 한 쌍의 기다란 호흡 기관을 이야기할 수 있습니다.

48 사가페도

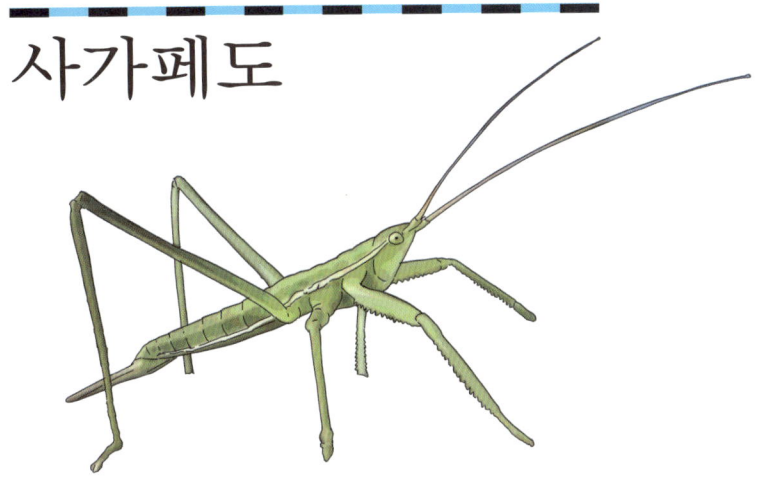

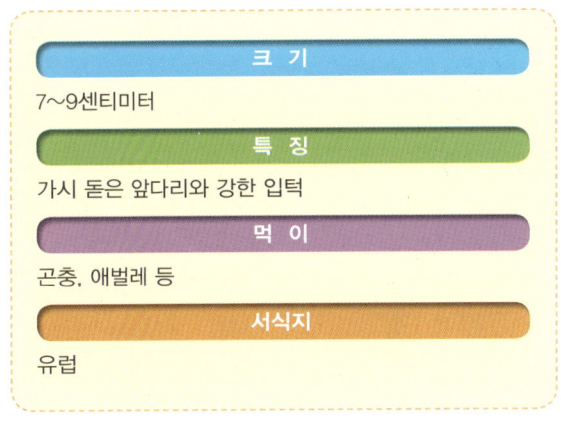

크 기
7~9센티미터

특 징
가시 돋은 앞다리와 강한 입턱

먹 이
곤충, 애벌레 등

서식지
유럽

메뚜기목에 속하는 여치의 일종입니다. 유럽에 분포하며, 개체 수가 적어 세계자연보존연맹에서 보호하는 멸종 위기 종이지요. 미국 등에서 발견되기도 하나 그 수가 아주 적다고 합니다.

사가페도는 몸집이 큰 곤충으로 유명합니다. 방아깨비 암컷과 비슷하게 몸길이가 7~9센티미터에 달하지요. 가끔 12센티미터가 넘는 더 큰 개체가 발견되기도 합니다. 몸 색깔도 방아깨비와 닮아 초록색을 띠지요. 육식성 먹이 활동을 하는데, 가시 돋은 앞다리로 먹잇감을 붙잡아 강한 입턱으로 씹어 먹습니다. 그 모습이 사마귀에 맞먹는 포식자라고 할 만하지요.

사가페도는 단위생식을 하는 곤충입니다. 그래서 거의 모든 개체가 암컷이지만 번식에는 아무런 문제가 없습니다. 배 끝에 달린 산란관으로 땅속에 알을 낳지요.

골리앗꽃무지

크 기
6~11센티미터

특 징
복잡한 무늬가 있는 딱지날개

먹 이
수액, 꽃가루, 과일 등

서식지
아프리카

'골리앗'은 〈성서〉에 나오는 거인입니다. 이름에서 알 수 있듯, 이 종은 몸집이 큰 꽃무지지요. 다른 꽃무지과 곤충으로는 사슴풍뎅이, 호랑꽃무지, 점박이꽃무지 등이 있습니다. 꽃무지는 주로 나뭇잎을 갉아먹지 않고 수액이나 꽃가루를 먹고 살지요.

보통 꽃무지는 몸길이가 1.5센티미터 안팎입니다. 그런데 골리앗꽃무지는 6~11센티미터에 달하지요. 무게도 거의 100그램에 육박하고요. 유충 때는 부엽토를 주식으로 삼으며 이따금 육식을 하는 것으로 알려져 있습니다. 다른 곤충이나 애벌레 등을 잡아먹는 것이지요. 하지만 성충이 되고 나면 여느 꽃무지처럼 수액과 꽃가루, 과일 등을 먹이로 삼습니다.

골리앗꽃무지의 겉모습에서 눈에 띄는 특징은 강한 입턱과 톱니 같은 다리, 복잡한 무늬가 있는 딱지날개입니다. 딱지날개는 대개 검은색이나 황갈색 바탕에 흰색 무늬가 있지요.

50 나뭇잎벌레

크 기
5~10센티미터

특 징
나뭇잎과 꼭 닮은 모습

먹 이
과실나무의 잎

서식지
동남아시아 등

대벌레목에 속하는 곤충입니다. 동남아시아의 열대 농원에서 주로 발견되는데, 약 20여 종이 분포하는 것으로 알려져 있지요. 과수의 잎을 갉아먹고 살아 농부들에게는 골치 아픈 해충으로 손꼽힙니다.

나뭇잎벌레의 몸길이는 5~10센티미터입니다. 사람들도 주의하지 않으면 그냥 지나칠 만큼 나뭇잎과 꼭 닮은 모습이지요. 얼마나 자연스럽게 생겼는지, 얼핏 벌레 먹은 나뭇잎으로 착각할 정도입니다. 몸 색깔도 나뭇잎이나 나뭇가지처럼 초록색이나 갈색을 띠고요. 주로 밤에 활동하는 탓에, 낮에는 감쪽같이 나무에 몸을 숨긴 채 나뭇잎마냥 바람결에 살랑살랑 흔들리기도 합니다.

나뭇잎벌레는 더듬이 길이로 암수를 구별할 수 있습니다. 수컷은 길고, 암컷은 짧지요. 초식성 곤충으로 망고나 구아바처럼 과실이 열리는 열대 식물의 잎을 즐겨 먹습니다.

다우리아사슴벌레

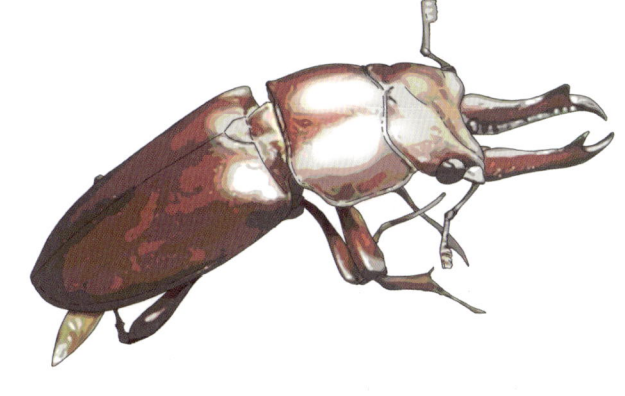

크 기
1.8~2.5센티미터
특 징
위아래 두 갈래로 갈라진 큰턱의 끝
먹 이
수액
서식지
한국, 일본, 중국 등

  몸집이 작은 사슴벌레입니다. 우리나라를 비롯해 일본, 중국 등 동아시아의 높은 산에 서식하지요. 성충은 늦여름이 되어야 발견할 수 있습니다.

  다우리아사슴벌레의 몸길이는 1.8~2.5센티미터에 불과합니다. 딱정벌레목에 속하는 사슴벌레 중 애사슴벌레와 더불어 가장 소형이라고 할 만하지요. 몸 색깔은 윤기 나는 적갈색을 띠며, 수컷의 큰턱 끝이 위아래 두 갈래로 갈라진 특징이 있습니다. 전체적인 몸의 너비가 여느 사슴벌레에 비해 갸름한 편이지요.

  다우리아사슴벌레의 유충은 주로 벚나무를 갉아먹고 사는데, 그 기간이 1년 정도로 짧습니다. 그리고 성충이 되고 난 뒤의 수명도 한두 달밖에 안 되지요. 그래서 다른 사슴벌레 종과 비교해 생성하고 소멸하는 번식 주기가 빠릅니다.

뿔쇠똥구리

크 기
1.8~3센티미터
특 징
두툼한 체형, 수컷의 상아 모양 뿔
먹 이
소똥
서식지
한국, 일본, 대만, 중국, 몽골 등

    딱정벌레목 풍뎅이과에 속하는 곤충입니다. 이름에서 알 수 있듯, 주로 소의 배설물 밑에서 발견되지요. 소똥을 둥글게 뭉쳐 이동하거나, 그 속에 알을 낳기도 합니다. 우리나라와 일본, 중국, 대만, 몽골 등에 분포하지요.

    뿔쇠똥구리의 몸길이는 1.8~3센티미터 정도입니다. 몸 색깔은 윤기 나는 검은색이며, 전체적으로 두툼한 체형이지요. 그리고 수컷의 이마에는 상아 모양의 뿔이 하나 있습니다. 암컷은 그 대신 가로로 솟아오른 판 모양이 보이고요. 딱지날개에서는 가는 점무늬와 주름을 관찰할 수 있습니다.

    뿔쇠똥구리는 소나 말 같은 동물의 배설물을 먹고 삽니다. 알에서 부화한 애벌레 역시 어미가 둥글게 말아놓은 소똥을 먹이로 삼아 성장하지요. 특히 암컷은 유충이 우화할 때까지 함께 지내면서 보호하는 것으로 알려져 있습니다.

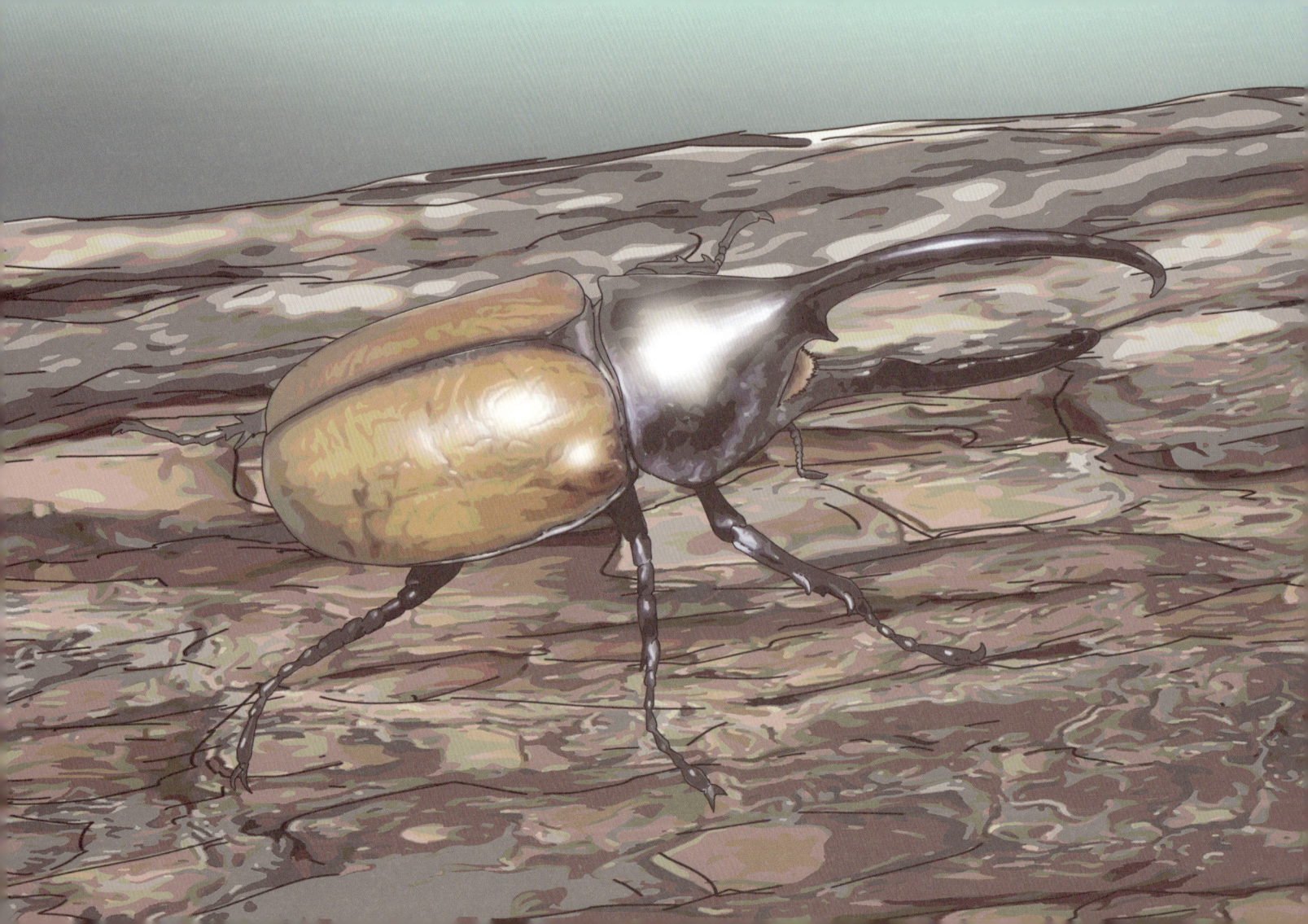

헤라클레스장수풍뎅이

크 기
5~18센티미터
특 징
커다란 몸과 수컷의 뿔
먹 이
썩은 나무, 활엽수 수액
서식지
중앙아메리카 및 남아메리카

그리스 신화에 나오는 힘 센 영웅 헤라클레스의 이름을 딴 장수풍뎅이입니다. 생물학자들에게 몸집이 가장 큰 장수풍뎅이로 인정받지요. 수컷의 뿔은 여느 곤충과 비교할 수 없을 만큼 위압감을 안겨줍니다. 뿔은 머리와 앞가슴등판에 하나씩 있는데, 그 길이가 자기 몸보다 더 길 정도로 우람하지요.

주로 중남미에 서식하는 헤라클레스장수풍뎅이는 몸길이가 5~18센티미터에 달합니다. 몸 색깔은 검은색과 노란색, 황갈색을 띠지요. 수컷의 뿔과 암컷의 몸에는 연초록빛이 감돌기도 하고요. 이 종은 큰 몸집만큼 수명이 길어 성충이 되고 나서도 1년 남짓 생존합니다.

헤라클레스장수풍뎅이는 야행성 곤충으로, 애벌레는 썩은 나무나 부엽토를 먹고 성장하며 성충은 활엽수의 수액을 즐겨 먹습니다. 이름에 어울리게 힘이 무척 세기 때문에 뿔을 이용해 자기 몸의 수십 배에 달하는 무게를 거뜬히 움직이지요.

54
넓적사슴벌레

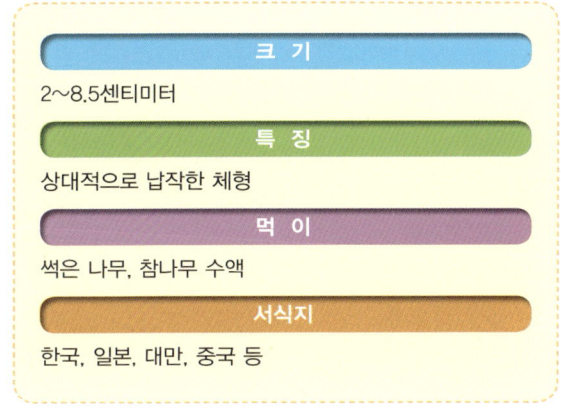

크 기
2~8.5센티미터
특 징
상대적으로 납작한 체형
먹 이
썩은 나무, 참나무 수액
서식지
한국, 일본, 대만, 중국 등

　딱정벌레목에 속하는 곤충입니다. 한국과 일본, 대만, 중국 등에 분포하는데 특히 우리나라에서는 사슴벌레 가운데 아주 흔하게 볼 수 있는 종이지요. 한반도에 서식하는 사슴벌레 중에는 몸집이 가장 크기도 합니다.

　넓적사슴벌레의 몸길이는 2~8.5센티미터 정도입니다. 다른 사슴벌레 종에 비해 체형이 납작해 이름에 '넓적'이라는 수식어가 붙었지요. 몸 색깔은 옅은 광택이 나는 검은색입니다. 수컷의 큰턱은 두 갈래의 집게가 앞으로 나란히 뻗어 있지요. 암컷의 큰턱은 별로 발달하지 않았지만 꽤 날카로워 나무에 구멍을 뚫고 먹이 활동을 하는 데는 문제가 없습니다.

　넓적사슴벌레는 야행성 곤충으로, 밤이 되어서야 본격적으로 활동에 나서 참나무 수액 등을 빨아먹습니다. 낮에는 땅속으로 파고들거나 나뭇잎 사이에 몸을 숨기지요. 번식기의 암컷 역시 죽어 썩은 참나무나 밤나무, 생강나무 등에 알을 낳습니다.

55

톱사슴벌레

크 기
2.2~7센티미터

특 징
톱날 같은 큰턱

먹 이
썩은 나무, 수액

서식지
한국, 일본, 대만, 중국 등

  딱정벌레목에 속하는 곤충입니다. 한국, 중국, 대만, 일본 등에 분포하지요. 주로 참나무, 떡갈나무, 신갈나무 등이 우거진 숲에서 생활합니다. 성충이 된 다음에는 3~4개월밖에 살지 못해 여느 사슴벌레보다 수명이 짧은 편이지요.

  톱사슴벌레의 몸길이는 2.2~7센티미터 정도입니다. 몸 색깔은 적갈색이거나 검은색에 가깝지요. 수컷의 큰턱은 양 갈래로 갈라졌다가 끝부분이 모여, 마치 사람이 두 팔로 무언가를 끌어안고 있는 모습입니다. 그 안쪽에는 일곱 개 안팎으로 톱날같이 솟은 부분이 있어 지금의 이름으로 불리게 되었지요.

  톱사슴벌레의 주요 먹이는 참나무 등의 수액입니다. 야행성이지만, 대낮에도 종종 먹이 활동에 나서고는 하지요. 사슴벌레 중에서 성격이 사납기로 소문난 만큼 쉽게 호전성을 드러내고는 합니다. 번식기의 암컷은 썩은 나무에 알을 낳습니다.

두점박이사슴벌레

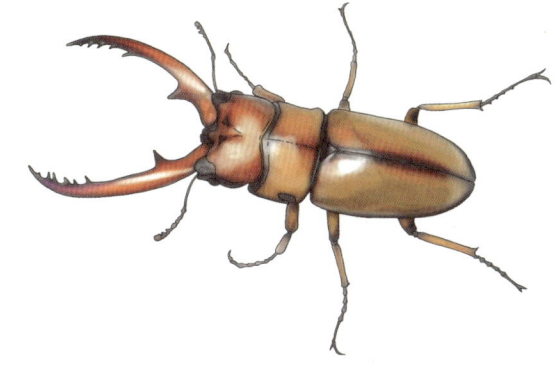

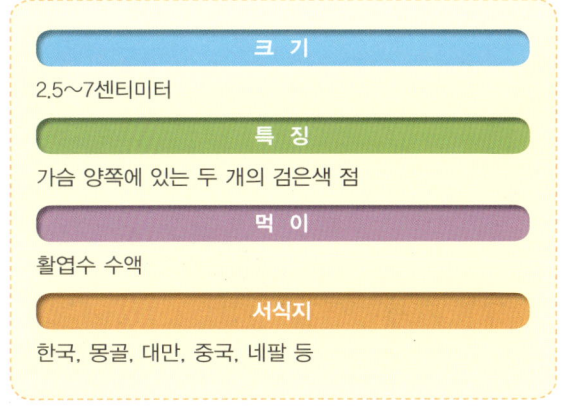

크 기
2.5~7센티미터 |азвание

특 징
가슴 양쪽에 있는 두 개의 검은색 점

먹 이
활엽수 수액

서식지
한국, 몽골, 대만, 중국, 네팔 등

딱정벌레목 사슴벌레과에 속하는 곤충입니다. 우리나라를 비롯해 몽골, 대만, 중국, 네팔 등에 분포하지요. 가슴 양쪽에 두 개의 검은색 점이 뚜렷하게 보여 지금의 이름이 붙었습니다. 개체 수가 줄어들어 멸종위기야생생물 2급으로 지정되었지요.

두점박이사슴벌레는 주로 활엽수림에서 생활하며 수액을 빨아먹고 삽니다. 현재 우리나라에서는 제주도에만 서식하는 것으로 알려져 있지요. 낮에는 흙속이나 낙엽 더미에 숨어 지내다가 밤이 되면 활발히 먹이 활동을 합니다. 번식기의 암컷은 썩은 나무에 얕은 구멍을 파 알을 낳지요. 알은 약 2주면 부화해 완전탈바꿈 과정을 거쳐 성충이 됩니다.

두점박이사슴벌레의 몸길이는 2.5~7센티미터 정도입니다. 몸 색깔은 전체적으로 옅은 황갈색을 띠지요. 그 색깔은 시간이 지날수록 조금 더 짙어집니다.

57 보라금풍뎅이

크 기
1.6~2.2센티미터

특 징
자줏빛을 띤 보라색 몸

먹 이
가축과 들짐승, 사람의 똥

서식지
한국, 일본, 중국, 러시아 동부 등

딱정벌레목에 속하는 곤충입니다. 우리나라와 일본, 중국, 러시아 동부 지역에 분포하지요. 빛에 따라 겉모습에서 비치는 보라색의 변화가 다채로워 지금의 이름이 붙었습니다. 전체적인 몸 색깔은 자줏빛을 띤 보라색인데, 파란빛이나 연초록빛이 감돌기도 하지요. 또한 광택이 강해 윤기가 자르르 흐르는 모습입니다.

보라금풍뎅이의 몸길이는 1.6~2.2센티미터 정도입니다. 몸의 형태는 둥근 공의 일부에 가깝지요. 딱지날개에 열네 개의 세로줄이 발달해 있고 종아리마디에 수컷은 서너 개, 암컷은 한 개의 긴 돌기가 있습니다. 그리고 배 쪽의 툭 튀어나온 부분과 뒷다리를 마찰해 소리를 낼 수 있지요.

보라금풍뎅이는 동물의 사체나 배설물을 먹이로 삼습니다. 특히 가축과 들짐승, 사람의 똥을 좋아하지요. 번식기에는 동물의 똥을 둥글게 말아 땅속에 묻고 거기에 알을 낳습니다.

58 사슴풍뎅이

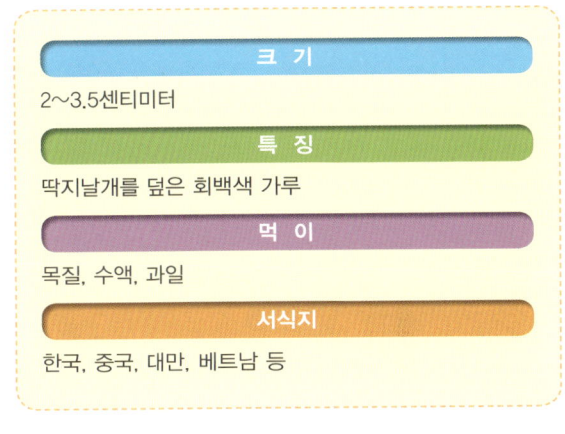

크 기
2~3.5센티미터

특 징
딱지날개를 덮은 회백색 가루

먹 이
목질, 수액, 과일

서식지
한국, 중국, 대만, 베트남 등

    딱정벌레목에 속하는 곤충으로 꽃무지의 일종입니다. 수컷에 한정되기는 하지만, 꽃무지 가운데 유일하게 뿔이 있는 종이지요. 한국, 중국, 대만, 베트남 등에 분포합니다. 주로 들판이나 활엽수림에 서식하지요.

    사슴풍뎅이의 몸길이는 2~3.5센티미터 정도입니다. 몸 색깔은 검은색이나 흑갈색, 적갈색을 띱니다. 수컷의 경우 딱지날개에 회백색 가루가 덮인 개체가 흔하지요. 그래서 언뜻 희끄무레하게 보이다가도 빗물이 묻거나 하면 검은색이 도드라집니다. 수컷은 암컷에 비해 앞다리가 매우 긴 특징도 있습니다.

    사슴풍뎅이의 주요 먹잇감은 수액입니다. 단맛이 강한 과일도 잘 먹지요. 물론 유충 때는 여느 딱정벌레목 곤충들처럼 썩은 나무의 목질이나 부엽토를 먹이로 삼습니다.

풀색꽃무지

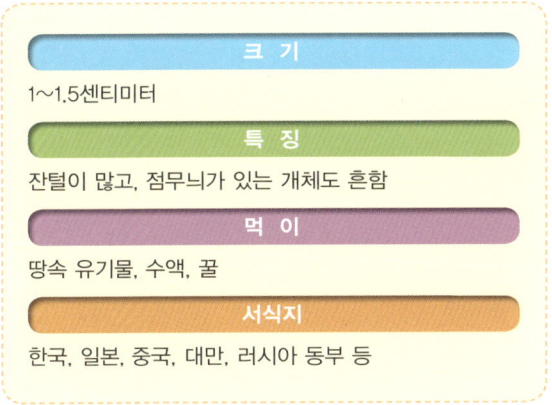

크 기
1~1.5센티미터
특 징
잔털이 많고, 점무늬가 있는 개체도 흔함
먹 이
땅속 유기물, 수액, 꿀
서식지
한국, 일본, 중국, 대만, 러시아 동부 등

    딱정벌레목 꽃무지과에 속하는 곤충입니다. '꽃무지'라는 말에는 꽃이 만발한 곳에 잘 모여든다는 의미가 담겨 있지요. 실제로 풀색꽃무지는 주요 먹잇감인 수액뿐만 아니라, 봄부터 가을까지 여러 꽃이 피어 있는 곳에서도 자주 발견됩니다. 주요 분포 지역은 우리나라를 비롯해 일본, 중국, 대만, 러시아 동부 등이지요.

    풀색꽃무지의 몸길이는 1~1.5센티미터 정도입니다. 몸 색깔은 초록색, 적갈색, 검은색 등을 띠고요. 몸에 잔털이 많이 나 있는 것도 특이한 모습입니다. 딱지날개에 밝은 점무늬가 있는 개체도 흔하지요. 딱지날개의 광택이 강하지는 않습니다.

    풀색꽃무지는 높은 산속 야생화가 흐드러진 곳에서도 자주 관찰되는 곤충입니다. 수액뿐만 아니라 꿀도 빨아먹거든요. 풀색꽃무지는 번식기가 되면 암컷 한 마리가 20여 개의 알을 낳습니다. 유충은 땅속의 유기물을 먹고 자라납니다.

60

호랑꽃무지

크 기
0.8~1.2센티미터

특 징
검은색 몸의 노란 줄무늬

먹 이
썩은 나무의 목질, 꽃가루, 꿀

서식지
한국, 일본, 중국, 러시아 동부 등

　딱정벌레목 꽃무지과에 속하는 곤충입니다. '범꽃무지'라고도 하지요. 꽃무지라는 이름에 어울리게, 개망초나 엉겅퀴 등의 꽃이 핀 곳에 잘 모여듭니다. 번식기가 되면 꽃밭에서 짝짓기 하는 개체들도 흔히 관찰할 수 있습니다.

　호랑꽃무지는 얼핏 벌과 닮은 모습입니다. 검은색 몸에 노란 줄무늬들이 덮인 모습이거든요. 또 어느 면에서는 그것이 꼭 호랑이 가죽같이 보여 지금의 이름이 붙었습니다. 몸길이는 0.8~1.2센티미터로 작은 편이지요.

　호랑꽃무지는 벌처럼 환한 낮에 꽃에 모여들어 꿀을 핥고 꽃가루를 먹는 먹이 활동을 합니다. 주요 분포 지역은 한국, 일본, 중국, 러시아 동부 등이지요. 번식기의 암컷은 죽어 썩은 나무에 알을 낳으며, 부화한 애벌레는 1~2년 동안 그곳의 목질을 파먹으며 자라납니다.

61
대유동방아벌레

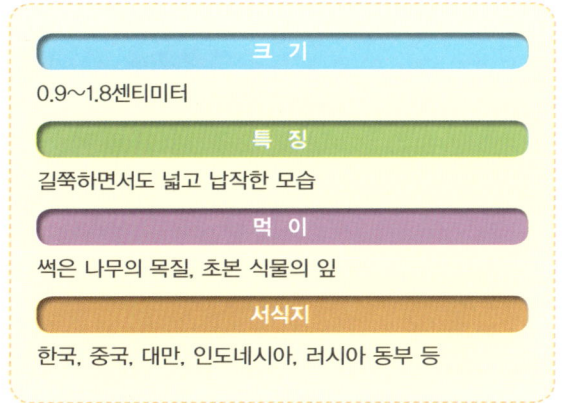

크 기
0.9~1.8센티미터

특 징
길쭉하면서도 넓고 납작한 모습

먹 이
썩은 나무의 목질, 초본 식물의 잎

서식지
한국, 중국, 대만, 인도네시아, 러시아 동부 등

  딱정벌레목 방아벌레과에 속하는 곤충입니다. 주요 분표 지역은 한국, 중국, 대만, 인도네시아, 러시아 동부 등이지요. 장소를 이동할 때 가슴을 뒤로 젖혔다가 탁탁거리는 소리를 내며 뛰어오르듯 움직이는 습성이 있습니다.

  대유동방아벌레의 몸길이는 0.9~1.8센티미터 정도입니다. 몸의 형태는 길쭉하면서도 넓고 납작한 모습이지요. 몸 색깔은 전체적으로 밝은 적갈색을 띠며 비늘 같은 털이 덮여 있습니다. 머리와 가슴 사이에 보이는 검은 털 뭉치도 개성 있는 모습이지요. 톱날같이 생긴 더듬이 역시 눈에 띄는 특징이고요.

  대유동방아벌레는 주로 목재를 형성하지 않는 초본 식물의 잎을 갉아먹습니다. 애벌레 때는 썩은 나무 속에서 목질을 먹으며 자라나고요. 성장기에 알, 애벌레, 번데기, 성충 단계를 모두 거치는 완전탈바꿈을 합니다.

홍반디

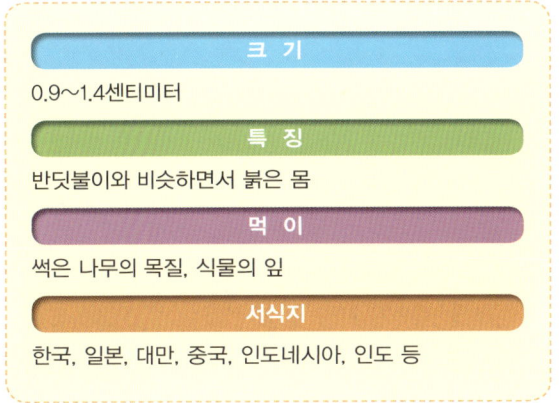

크 기
0.9~1.4센티미터

특 징
반딧불이와 비슷하면서 붉은 몸

먹 이
썩은 나무의 목질, 식물의 잎

서식지
한국, 일본, 대만, 중국, 인도네시아, 인도 등

 딱정벌레목에 속하는 곤충입니다. 우리나라를 비롯해 일본, 대만, 중국, 인도네시아, 인도 등에 분포하지요. 생김새가 반딧불이와 비슷한 데다 몸 색깔이 붉어서 홍반디라는 이름이 붙었습니다. 하지만 발광 기관이 없어 반딧불이처럼 빛을 내지는 못하지요.

 홍반디의 몸길이는 0.9~1.4센티미터 정도입니다. 커다란 겹눈과 긴 주둥이를 가졌지요. 더듬이는 평평한 톱날 모양입니다. 또한 앞등판은 세모꼴이며 잿빛이 도는 갈색 털이 촘촘히 나 있습니다. 딱지날개는 어두운 적색 바탕에 붉은색과 가까운 주황색 털이 덮인 형태이고요. 전체적으로 길쭉한 몸과 어울려, 마치 붉은 망토를 두른 듯한 모습입니다.

 홍반디 성충은 초여름부터 모습을 드러내 9~10월까지 관찰됩니다. 산란기의 암컷은 썩은 나무에 알을 낳고, 유충은 그것을 먹고 자라나지요.

63

남생이무당벌레

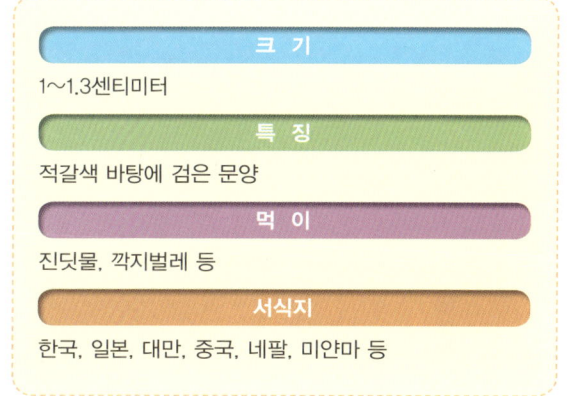

크 기
1~1.3센티미터

특 징
적갈색 바탕에 검은 문양

먹 이
진딧물, 깍지벌레 등

서식지
한국, 일본, 대만, 중국, 네팔, 미얀마 등

　무당벌레는 딱정벌레목에 속하는 곤충입니다. 무당의 옷처럼 화려한 겉모습을 가졌다고 해서 지금의 이름이 붙었지요. 우리나라에 서식하는 무당벌레 종류만 해도 90종이 넘는데, 그중 남생이무당벌레의 몸집이 가장 큽니다.

　남생이무당벌레의 몸길이는 1~1.3센티미터 정도입니다. 윤기 나는 반구형 몸에 남생이 같은 무늬가 있지요. 남생이는 거북목에 속하는 동물입니다. 몸 색깔은 머리와 다리가 검은색이며, 등 부분은 적갈색을 띠지요. 그 바탕에 검은 문양이 조화롭게 배열되어 있는 것입니다. 더듬이와 다리 길이는 모두 짧은 편이지요.

　남생이무당벌레의 주요 먹이는 진딧물과 깍지벌레 등입니다. 유충 때도 다른 곤충의 알과 애벌레를 주식으로 삼지요. 그것이 대부분 농작물에 해로운 곤충이라, 남생이무당벌레는 인간에게 익충으로 평가받습니다.

칠성무당벌레

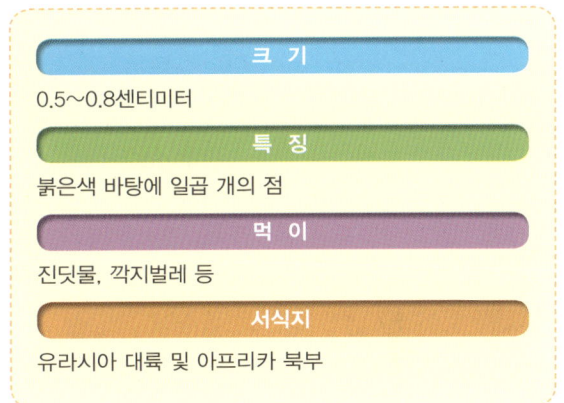

크 기
0.5~0.8센티미터
특 징
붉은색 바탕에 일곱 개의 점
먹 이
진딧물, 깍지벌레 등
서식지
유라시아 대륙 및 아프리카 북부

　우리나라에서 흔히 무당벌레라고 하면 칠성무당벌레를 일컫습니다. 이 종은 한반도를 비롯해 유라시아 대륙과 아프리카 북부 지역까지 널리 분포하지요. 여느 무당벌레가 그렇듯 진딧물이나 깍지벌레가 많은 들과 야산에 서식합니다. 일부 성충은 낙엽 더미 등에 들어가 겨울을 나기도 하지요.

　칠성무당벌레는 딱지날개가 붉은색 계열입니다. 거기에 양쪽 날개에 검은 점이 각각 세 개씩, 그리고 양 날개 경계 부분에 조금 큰 점 한 개가 걸쳐 있습니다. 이 무당벌레의 이름에는 그와 같이 일곱 개의 점을 가졌다는 의미가 담겨 있지요.

　칠성무당벌레의 몸길이는 0.5~0.8센티미터 정도입니다. 이 곤충은 천적과 맞닥뜨렸을 때 꼼짝없이 죽은 체하는 습성이 있지요. 다리관절 사이에서 고약한 액체를 내뿜기도 합니다.

65
큰이십팔점박이무당벌레

크 기
0.6~0.8센티미터

특 징
딱지날개에 있는 스물여덟 개의 검은 무늬

먹 이
가지나 감자 같은 농작물의 잎, 진딧물

서식지
한국, 일본, 대만, 중국, 러시아 동부 등

다른 이름으로 '왕무당벌레붙이'라고도 합니다. 딱지날개에 스물여덟 개의 검은색 무늬가 있어 지금의 이름을 갖게 됐지요. 또한 딱지날개에 적갈색의 부드러운 털이 촘촘히 나 있는 특징도 있습니다.

큰이십팔점박이무당벌레의 몸길이는 0.6~0.8센티미터 정도입니다. 암컷의 몸이 수컷보다 약간 큰 편이지요. 앞가슴에는 말굽형 무늬가 있으며, 가슴의 각 마디에 여섯 개씩 털이 나 있는 점도 눈에 띕니다. 배에도 마디마다 털이 보이고요.

큰이십팔점박이무당벌레는 한국, 일본, 대만, 중국, 러시아 동부 등에 분포합니다. 주로 가지, 감자, 토마토 등을 재배하는 밭에 많이 서식하지요. 그러다 보니 농촌에서는 농작물에 피해를 입히는 해충으로 평가받습니다. 참고로 '이십팔점박이무당벌레'도 있는데, 그 종은 큰이십팔점박이무당벌레보다 스물여덟 개의 검은 무늬가 작지요.

꽃벼룩

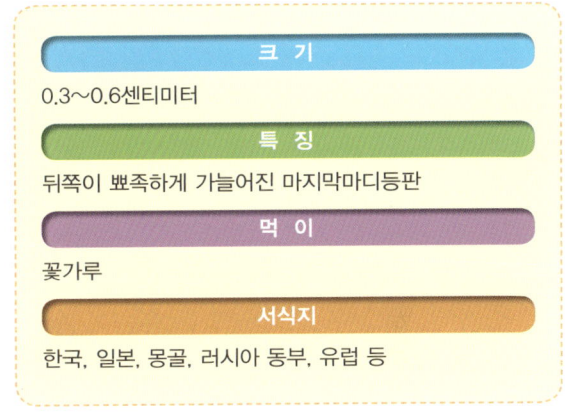

크 기
0.3~0.6센티미터
특 징
뒤쪽이 뾰족하게 가늘어진 마지막마디등판
먹 이
꽃가루
서식지
한국, 일본, 몽골, 러시아 동부, 유럽 등

딱정벌레목에 속하는 곤충입니다. 주요 분포지는 우리나라와 일본, 몽골, 러시아 동부, 유럽 등이지요. 전 세계에 60여 종이 있으며, 우리나라에서는 13종이 확인되었습니다. 한반도에 서식하는 종은 두줄박이왕꽃벼룩, 알꽃벼룩, 광대꽃벼룩 등입니다.

꽃벼룩의 몸길이는 0.3~0.6센티미터 정도입니다. 몸 색깔은 전체적으로 검은색이며, 등 쪽의 잔털은 흑자색을 띠지요. 꽃벼룩 배의 마지막마디등판은 굵지만 뒤쪽이 뾰족하게 가늘어진 모습입니다. 딱지날개에 얼룩무늬 같은 것은 보이지 않지요.

꽃벼룩은 이름에서 짐작할 수 있듯 꽃이 많은 곳에 모여듭니다. 꽃가루를 주요 먹잇감으로 삼기 때문입니다. 그러다 보니 대표적인 꽃가루 매개 곤충 중 하나로 손꼽히지요. 사람이 손을 대면 벼룩처럼 톡톡 튀는 습성도 있습니다.

67
먹가뢰

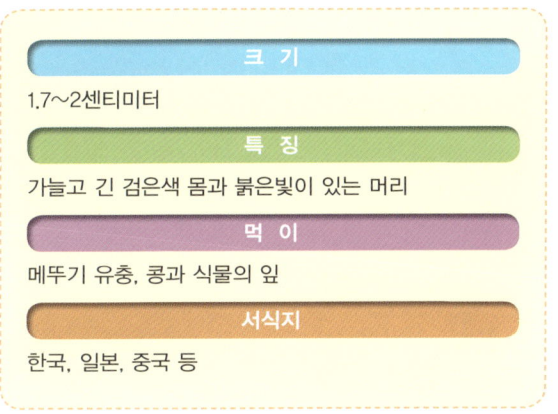

크 기
1.7~2센티미터

특 징
가늘고 긴 검은색 몸과 붉은빛이 있는 머리

먹 이
메뚜기 유충, 콩과 식물의 잎

서식지
한국, 일본, 중국 등

  딱정벌레목에 속하는 곤충입니다. 한국, 일본, 중국 등에 분포하지요. 활엽수가 우거진 산지의 풀숲에서 잘 발견됩니다. 주요 먹이는 콩과 식물의 잎인데, 유충 때는 메뚜기가 낳아놓은 알을 즐겨 먹어치우지요.

  먹가뢰의 몸길이는 1.7~2센티미터 정도입니다. 전체적인 몸 색깔은 검은색이지만, 머리 일부는 붉은빛을 띠지요. 또한 몸 가운데와 겉날개에 몇 줄의 회색을 띤 황색 세로줄이 있는 것도 눈에 띄는 개성입니다. 몸의 형태는 가늘고 길며, 머리 양쪽의 눈 중간에서는 한 개의 작은 점무늬를 볼 수 있지요.

  먹가뢰 암컷은 번식기에 약 1천여 개의 알을 흙속에 낳습니다. 부화한 유충은 그 상태로 겨울을 난 뒤 이듬해 봄부터 성충으로 모습을 드러내지요. 먹가뢰는 칸디리딘이라는 독성 물질을 갖고 있어 오래전부터 약재로 사용되었습니다.

68
늦반딧불이

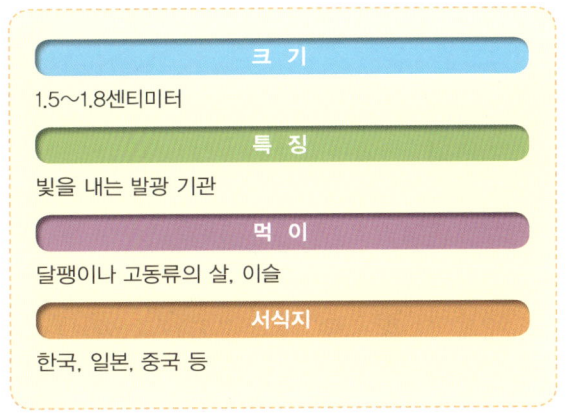

크 기
1.5~1.8센티미터

특 징
빛을 내는 발광 기관

먹 이
달팽이나 고동류의 살, 이슬

서식지
한국, 일본, 중국 등

   우리나라에 서식하는 애반딧불이, 운문산반딧불이, 늦반딧불이 가운데 가장 늦게 빛을 내기 시작하는 종입니다. 대개 8월 중순은 지나야 모습을 드러내지요. 일반적으로 늦반딧불이는 해가 진 다음 약 한 시간 정도 뒤부터 빛을 낸다고 알려져 있습니다. 애반딧불이와 달리 완전히 캄캄해지지 않아도 발광하는 습성이 있지요.

   늦반딧불의 몸길이는 1.5~1.8센티미터 정도입니다. 우리나라에 서식하는 반딧불이 중 가장 크며, 몸 색깔은 흑갈색을 띠지요. 머리 부분은 황갈색이고요. 또한 발광 기관은 황백색입니다. 우리나라 외에 일본과 중국에서도 개체를 찾아볼 수 있지요.

   늦반딧불이의 애벌레는 독침을 갖고 있어, 달팽이나 고동류의 살에 독을 주입해 마비시킨 뒤 먹어치웁니다. 그러나 성충이 되면 아무런 포획 활동 없이 이슬만 먹고 2주쯤 살지요.

69

애반딧불이

크 기
0.7~1센티미터

특 징
빛을 내는 발광 기관

먹 이
달팽이나 고동류의 살, 이슬

서식지
한국, 일본, 중국 등

  한국을 비롯해 일본과 중국 등에 분포합니다. 우리나라에서는 환경 파괴 등의 이유로 개체 수가 급격히 줄어들어 서식지 자체를 천연기념물로 보호하지요. 전라북도 무주군 설천면의 반딧불이 서식지를 천연기념물 제322호로 지정한 것이 그 예입니다.

  애반딧불이의 몸길이는 0.7~1센티미터 정도입니다. 우리나라에 서식하는 애반딧불이, 운문산반딧불이, 늦반딧불이 중 몸의 크기가 작은 편이지요. 몸 색깔은 검은색이며, 앞가슴등판에 점무늬가 촘촘히 나 있는 점도 개성 있는 모습입니다. 아울러 큼지막한 겹눈과 황백색 발광 기관도 눈에 띄는 특징이지요.

  애반딧불이는 완전탈바꿈을 하는 곤충입니다. 번식기의 암컷은 물가 이끼나 습한 곳에 50~100개의 알을 낳습니다. 20여 일 후 부화하는 유충은 물속에서 달팽이 등을 잡아먹으며 성장하지요. 그 후 땅으로 올라와 한 달가량 번데기 시기를 거친 후 성충이 됩니다.

청가뢰

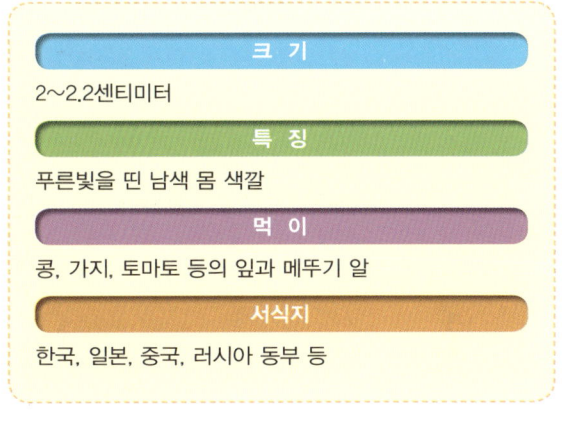

크 기
2~2.2센티미터

특 징
푸른빛을 띤 남색 몸 색깔

먹 이
콩, 가지, 토마토 등의 잎과 메뚜기 알

서식지
한국, 일본, 중국, 러시아 동부 등

  딱정벌레목에 속하는 곤충입니다. 한국, 일본, 중국, 러시아 동부 등에 분포합니다. 몸 안에 독성 물질인 칸다리딘이 있어 천적으로부터 자신을 보호합니다. 사람의 경우도 이 물질이 피부에 닿으면 따가움을 느끼게 되지요.

  청가뢰의 몸길이는 2~2.2센티미터 정도입니다. 몸 색깔은 푸른빛을 띤 남색이면서, 구리처럼 윤기가 돌지요. 정수리에는 한 개의 붉은 반점이 있고, 가늘고 긴 다리와 더듬이는 어두운 청색입니다. 또한 딱지날개에 주름 모양의 점무늬가 촘촘히 나 있고, 몸의 아랫면에도 작은 점무늬가 보입니다. 몸의 아래쪽에 난 짧은 털도 눈길을 끌지요.

  청가뢰는 유충 때 콩, 가지, 토마토 같은 농작물의 잎을 갉아먹으며 성장합니다. 그리고 성충이 되고 나서는 메뚜기 등의 알을 주요 먹잇감으로 삼지요.

71

긴알락꽃하늘소

크 기
1.3~1.7센티미터

특 징
검은색 바탕에 노란 줄무늬가 있는 딱지날개

먹 이
썩은 나무의 유기물 및 꽃가루

서식지
한국, 일본, 중국, 몽골, 유럽 등

   딱정벌레목 하늘소과에 속하는 곤충입니다. '광대꽃하늘소'라고도 하지요. 한반도를 비롯해 일본, 중국, 몽골, 유럽 등에 분포합니다. 우리나라의 경우 전국에 걸쳐 서식하며 개체 수도 무척 많습니다. 주로 봄과 여름 사이에 꽃이 피는 식물에서 잘 발견되지요. 산란기의 암컷들은 죽은 활엽수 사이에서 목격되기도 합니다.

   긴알락꽃하늘소의 몸길이는 1.3~1.7센티미터 정도입니다. 대개 암컷이 수컷보다 크지요. 머리와 앞가슴등판은 검은색, 딱지날개는 검은색에 네 개의 노란색 줄무늬가 있습니다. 하늘소과에 속하는 곤충인 만큼 긴 더듬이를 가진 특징도 있지요.

   긴알락꽃하늘소의 유충은 썩은 나무의 유기물을 먹고 성장합니다. 대부분 활엽수림에서 생활하지만 이따금 침엽수림에도 많은 개체가 서식하지요. 또한 성충이 되면 꽃가루를 주요 먹잇감으로 삼습니다.

남색초원하늘소

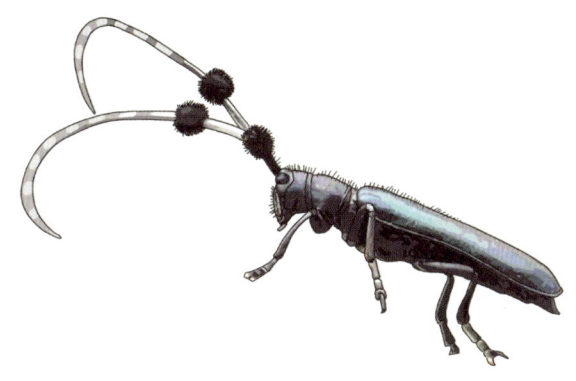

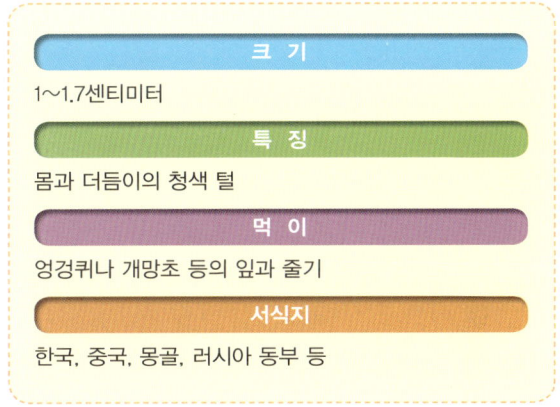

크 기
1~1.7센티미터

특 징
몸과 더듬이의 청색 털

먹 이
엉겅퀴나 개망초 등의 잎과 줄기

서식지
한국, 중국, 몽골, 러시아 동부 등

 딱정벌레목 하늘소과에 속하는 곤충입니다. 한국, 중국, 몽골, 러시아 동부 등에 분포하지요. 우리나라의 경우 제주도, 거제도, 영종도 같은 섬 지역에 많은 개체가 서식합니다. 주로 햇빛이 잘 드는 풀밭을 좋아하는데, 5~7월 무렵 엉겅퀴나 개망초 등이 우거진 곳에서 성충의 무리가 잘 발견됩니다.

 남색초원하늘소의 몸길이는 1~1.7센티미터 정도입니다. 몸 색깔은 흑청색으로, 푸른빛이 도는 짙은 남색에 윤기가 돌지요. 몸과 더듬이에 청색 털이 나 있는 것도 특색 있는 모습입니다. 여느 하늘소과에 비해서는 몸집이 좀 작은 편이지요. 남색초원하늘소는 유충과 성충 모두 식물의 잎과 줄기를 갉아먹으며 살아갑니다. 그래서 앞서 설명했듯 엉겅퀴나 개망초 등에 모여드는 것이지요. 이 곤충은 적을 만나면 고약한 냄새를 뿜어 자신을 보호합니다.

73 붉은산꽃하늘소

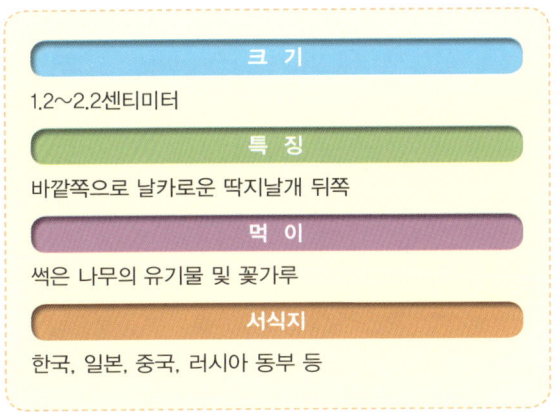

크 기
1.2~2.2센티미터
특 징
바깥쪽으로 날카로운 딱지날개 뒤쪽
먹 이
썩은 나무의 유기물 및 꽃가루
서식지
한국, 일본, 중국, 러시아 동부 등

 딱정벌레목 하늘소과에 속하는 곤충입니다. 우리나라의 경우 전국에 걸쳐 서식하며 개체 수도 아주 많습니다. 햇살 따사로운 한낮에, 개망초나 어수리 등의 꽃이 만발한 곳에서 자주 발견되지요. 한반도 외에 일본, 중국, 러시아 동부 지역 등에도 분포합니다.

 붉은꽃하늘소의 몸길이는 1.2~2.2센티미터 정도입니다. 전체적인 몸 색깔은 검은색이지만 딱지날개, 앞가슴등판, 종아리마디는 적갈색을 띠지요. 또한 딱지날개의 뒤쪽이 좁고 비스듬히 잘려 바깥쪽으로 날카로운 모습입니다. 온몸에 난 갈색 털도 주목할 만한 개성이지요.

 붉은꽃하늘소는 완전탈바꿈을 하는 곤충입니다. 번식기의 암컷이 죽은 참나무나 오리나무 따위의 갈라진 틈에 산란하면, 애벌레는 그 속을 파먹으며 자라나지요. 그리고 성충이 되면 줄기에 목재를 형성하지 않는 초본류의 꽃가루를 먹이로 삼습니다.

74
모자주홍하늘소

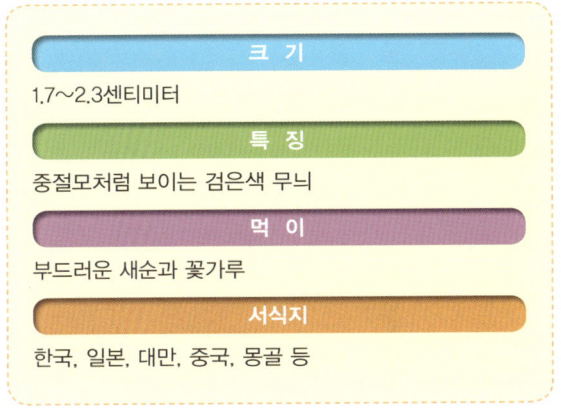

크 기
1.7~2.3센티미터

특 징
중절모처럼 보이는 검은색 무늬

먹 이
부드러운 새순과 꽃가루

서식지
한국, 일본, 대만, 중국, 몽골 등

'모자무늬주홍하늘소'라고도 합니다. 딱정벌레목 하늘소과에 속하는 곤충이지요. 우리나라를 비롯해 일본, 대만, 중국, 몽골 등에 분포합니다. 주로 참나무 잎이나 꽃이 핀 초본류 식물에서 발견할 수 있지요.

모자주홍하늘소의 몸길이는 1.7~2.3센티미터 정도입니다. 전체적인 몸 색깔은 주홍색이며, 앞등판에 다섯 개의 검은색 무늬가 있지요. 또한 딱지날개 양옆에 검은색 무늬가 한 개씩 있으며, 그 아래쪽으로 양 날개에 검은색 무늬가 큼지막하게 하나 있는 것도 특이한 모습입니다. 그와 같은 하나의 무늬는 얼핏 영국 신사의 중절모처럼 보이지요.

모자주홍하늘소의 성충은 앞서 설명했듯, 햇빛이 잘 드는 곳의 꽃이나 참나무 잎에 잘 모여듭니다. 막 돋아난 부드러운 새순과 꽃가루를 즐겨 먹기 때문이지요. 수컷의 경우, 더듬이 길이가 몸길이보다 훨씬 더 길어 성별을 쉽게 확인할 수 있습니다.

별가슴호랑하늘소

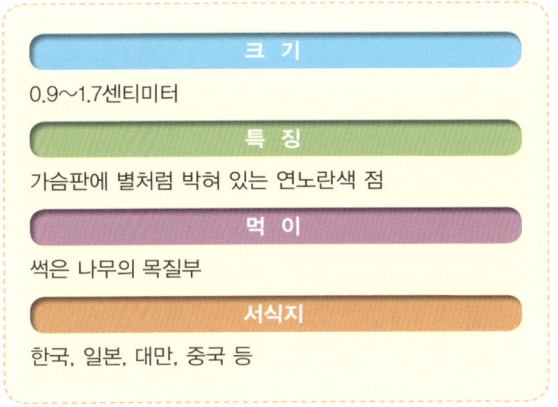

크 기
0.9~1.7센티미터

특 징
가슴판에 별처럼 박혀 있는 연노란색 점

먹 이
썩은 나무의 목질부

서식지
한국, 일본, 대만, 중국 등

 딱정벌레목 하늘소과에 속하는 곤충입니다. 우리나라를 비롯해 일본, 대만, 중국 등에 분포합니다. 주로 활엽수림에 서식하는데, 자연적으로 죽거나 벌목해놓은 오동나무와 참나무 등에서 성충을 발견할 수 있지요. 유충과 번데기 역시 죽은 오동나무, 오리나무, 참나무, 느릅나무, 물푸레나무 같은 기주식물에서 생활합니다. 여기서 기주식물이란, 초식성 곤충이나 애벌레의 먹이가 되는 식물을 일컫지요.

 별가슴호랑하늘소의 몸길이는 0.9~1.7센티미터 정도입니다. 몸 색깔은 머리 부분이 검고, 흑갈색을 띠는 딱지날개에는 검은색 무늬와 노란색 무늬가 섞여 있지요. 또한 가슴판에 연노란색 점이 별처럼 박혀 있는데, 그와 같은 특징으로 이름에 '별가슴'이라는 수식어가 붙었습니다. 그 밖에 더듬이 끝부분이 하얀색인 것도 남다른 개성이지요.

검은다리실베짱이

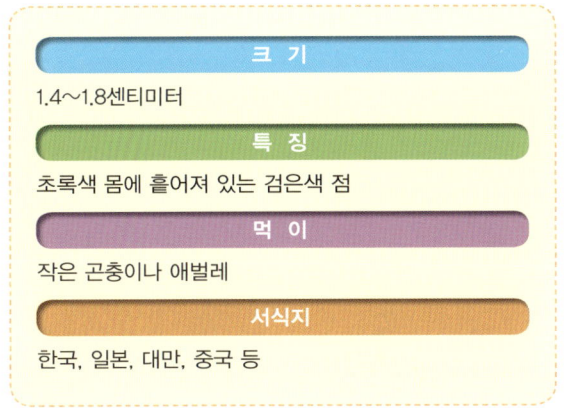

크 기
1.4~1.8센티미터
특 징
초록색 몸에 흩어져 있는 검은색 점
먹 이
작은 곤충이나 애벌레
서식지
한국, 일본, 대만, 중국 등

메뚜기목 여치과에 속하는 곤충입니다. 우리나라 중남부 지역을 비롯해 일본, 대만, 중국 등에 분포하지요. 높지 않은 산의 숲 가장자리 덤불이나 풀밭에서 주로 발견됩니다.

검은다리실베짱이는 전체적으로 진한 초록색 몸에 검은색 점이 흩어져 있습니다. 뒷다리의 넓적마디 끝부분 등 일부는 흑갈색을 띠고요. 몸의 형태는 길고 갸름하며, 겹눈이 돌출됐고, 검은색 더듬이에 일정한 간격으로 흰색 고리무늬가 보이지요. 몸길이는 1.4~1.8센티미터 정도입니다. 대개 암컷의 몸길이가 수컷보다 길지요. 또한 암컷의 산란관은 녹색이면서 가장자리가 연한 갈색을 띠는데, 그 형태는 위로 부드럽게 굽은 모습입니다.

검은다리실베짱이는 낮에 활발히 활동하는 곤충입니다. 날개가 발달해, 수풀 사이를 풀쩍풀쩍 날며 이동하지요. 작은 곤충이나 애벌레 등이 주요 먹잇감입니다.

77 날베짱이

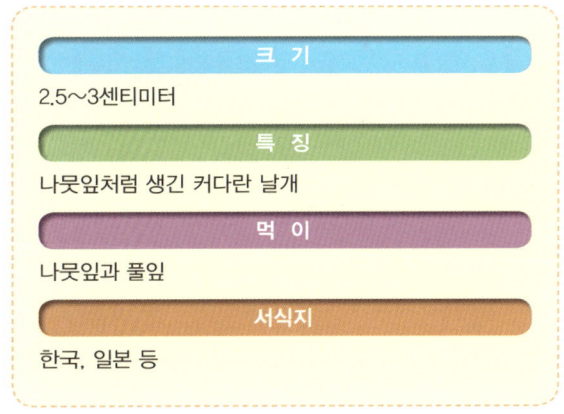

크 기
2.5~3센티미터
특 징
나뭇잎처럼 생긴 커다란 날개
먹 이
나뭇잎과 풀잎
서식지
한국, 일본 등

메뚜기목 여치과에 속하는 곤충입니다. 한국과 일본에 분포합니다. 주로 숲 가장자리 덤불이나 풀숲, 농경지 등에서 볼 수 있지요.

날베짱이의 몸길이는 2.5~3센티미터 정도입니다. 우리나라에 서식하는 곤충 중에서는 제법 큰 편이지요. 전체적인 몸 색깔은 초록색이지만, 앞날개 앞부분에 노란색 줄무늬가 있고 앞다리의 넓적다리마디는 적갈색을 띱니다. 암컷의 산란관도 갈색이면서 테두리가 검은색이지요. 수컷의 경우는 앞날개 쪽에 발음 기관이 있어 낮은 울음소리를 냅니다.

날베짱이는 이름에서 짐작할 수 있듯 비행 실력이 제법 뛰어납니다. 마치 나뭇잎처럼 보이는 커다란 날개를 이용해 다른 베짱이들보다 멀리 날아다니지요. 낮에 활동하는 주행성 곤충으로, 주요 먹이는 키 작은 나무의 잎과 풀잎 등입니다.

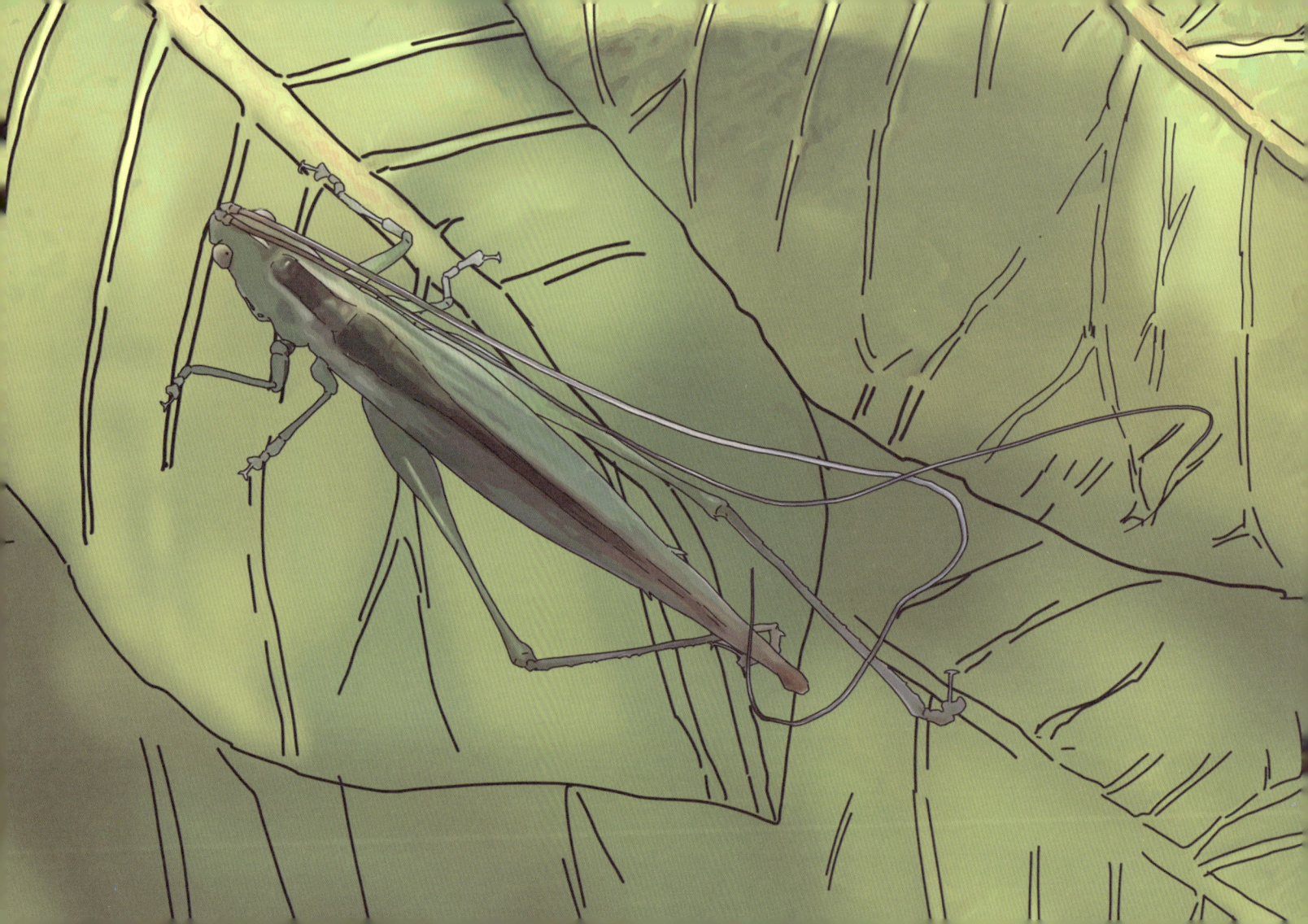

쌕쌔기

크 기
1.3~2센티미터

특 징
붉은색 더듬이와 짧은 산란관

먹 이
작은 곤충, 애벌레, 풀잎

서식지
한국, 일본, 중국 등

　메뚜기목 여치과에 속하는 곤충입니다. 수컷의 경우 앞날개를 부비며 특이한 소리를 내는데, 거기에서 이름이 유래했지요. 그 소리는 번식기에 암컷을 유혹하기 위해 이용되기도 합니다. 주요 분포 지역은 한국, 일본, 중국 등이지요.
　쌕쌔기의 몸길이는 1.3~2센티미터 정도입니다. 몸 색깔은 전체적으로 연한 녹색을 띠지요. 머리 부분과 가슴의 등 쪽에는 갈색 줄무늬가 있고요. 기다란 더듬이는 붉은색이고, 앞가슴은 갈색을 나타내지요. 몸의 형태는 가늘고 길며, 암컷의 산란관이 매우 짧은 특징도 있습니다. 앞머리꼭대기가 삼각형 모양으로 튀어나온 점도 눈길을 끌지요.
　쌕쌔기는 산지뿐만 아니라 물가의 초원이나 풀숲에도 서식합니다. 산지에 비해 초원에 서식하는 개체의 번식 주기가 빠르지요. 따라서 평지의 초원이나 풀숲에서는 1년에 두 번 성충이 발생합니다. 또한 쌕쌔기는 식물성과 동물성 먹이를 두루 섭취하지요.

긴꼬리

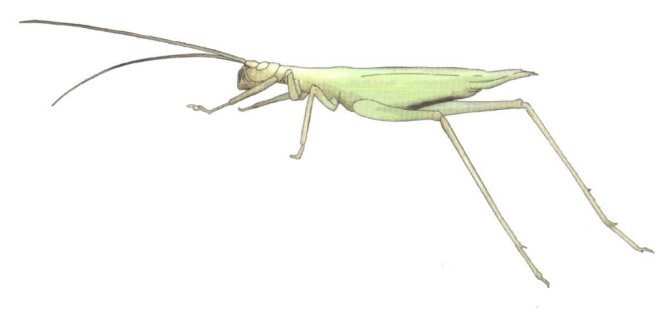

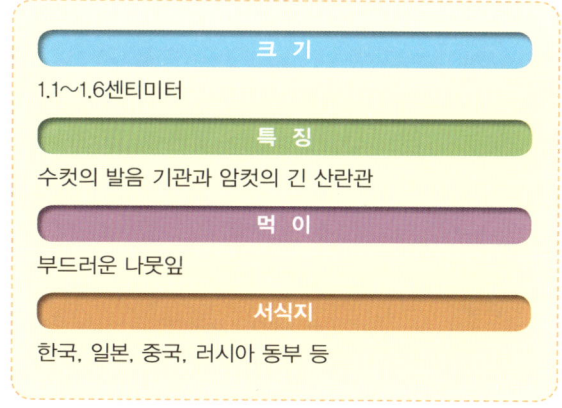

크기
1.1~1.6센티미터

특징
수컷의 발음 기관과 암컷의 긴 산란관

먹이
부드러운 나뭇잎

서식지
한국, 일본, 중국, 러시아 동부 등

메뚜기목 귀뚜라미과에 속하는 곤충입니다. 우리나라를 비롯해 일본, 중국, 러시아 동부에 분포하지요. 주로 산림 지대의 풀숲에 서식합니다. 그중에서도 칡, 싸리, 엉겅퀴, 개망초, 쑥 같은 식물에서 많이 발견되지요. 그 잎을 주요 먹이로 삼습니다.

긴꼬리의 몸길이는 1.1~1.6센티미터 정도입니다. 대체로 암컷이 수컷보다 크지요. 몸의 형태는 가늘고 길며, 이마돌기 역시 길게 튀어나와 있습니다. 귀뚜라미과 곤충답게 더듬이도 길고요. 암컷의 산란관도 길이가 거의 1센티미터 가까이 되지요. 몸 색깔은 전체적으로 연한 초록색을 띱니다.

긴꼬리의 수컷은 등 쪽에 잘 발달된 발음 기관이 있습니다. 날개를 90도 가까이 세운 다음 좌우 날개를 마찰시켜 아름다운 소리를 내지요. 산란기의 암컷은 나무줄기에 구멍을 뚫어 알을 낳는데, 그 상태로 겨울을 난 뒤 이듬해 봄에 부화합니다.

풀무치

크 기
4.5~7센티미터

특 징
무리지어 날아다니는 습성

먹 이
벼과 식물

서식지
아시아, 아프리카, 오세아니아 등

   메뚜기목 메뚜기과에 속하는 곤충입니다. 수많은 개체가 먹잇감을 찾아 무리지어 날아다니는 습성이 있어 '이동메뚜기'라는 별명으로 불리기도 하지요. 우리나라를 비롯한 아시아와 아프리카, 오세아니아 대륙에 널리 분포합니다.

   풀무치는 한국에 서식하는 메뚜기과 중 몸집이 가장 큽니다. 몸길이가 4.5~7센티미터에 달하지요. 또한 날개가 튼튼해 비행 실력이 뛰어납니다. 곤충치고는 매우 빠른 속도로 하루에 수십 킬로미터를 이동한다고 알려져 있지요. 유충과 성충 모두 주요 먹잇감이 벼과 식물인 탓에, 풀무치가 떼 지어 논이나 밀밭을 휩쓸고 지나가면 전부 쑥대밭이 될 정도입니다.

   평소 풀무치의 몸 색깔은 보호색인 초록색을 띱니다. 그러나 무리지어 날아다닐 때는 무슨 까닭인지 갈색이나 검은색을 나타내기도 하지요. 날개에는 짙은 점무늬가 흩어져 있습니다.

콩중이

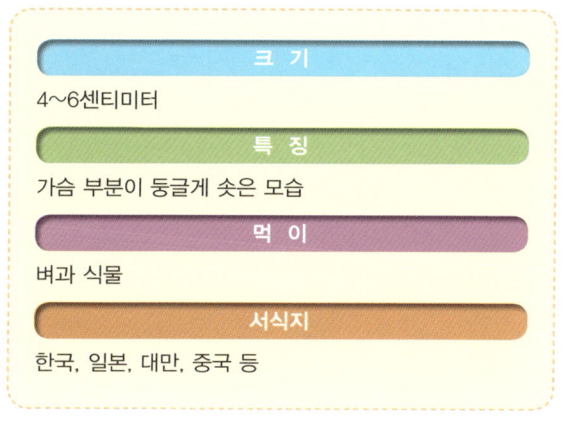

크 기
4~6센티미터
특 징
가슴 부분이 둥글게 솟은 모습
먹 이
벼과 식물
서식지
한국, 일본, 대만, 중국 등

메뚜기목 메뚜기과에 속하는 곤충입니다. 같은 메뚜기과 곤충 중 '팥중이'도 있는데, 콩중이는 팥중이와 달리 앞가슴 쪽 등판에 X자가 없지요. 콩중이는 우리나라를 비롯해 일본, 대만, 중국 등에 분포합니다. 주로 숲 가장자리나 들판, 하천 옆 풀밭 등에 서식하지요. 얼핏 풀무치와 닮아 보이지만 몸의 크기가 약간 작은 차이가 있습니다.

콩중이의 몸길이는 4~6센티미터 정도입니다. 몸 색깔은 초록색이나 흑갈색을 띠지요. 일종의 보호색이라, 풀숲에서는 초록색에 가깝고 흙이나 돌밭 등에 서식하는 개체는 흑갈색을 나타내는 것입니다. 몸의 형태는 가슴 부분이 둥글게 솟은 것이 특징이며, 가슴 중앙에 갈색 띠무늬가 보이지요. 머리와 겹눈에도 갈색 줄무늬가 있고요.

콩중이의 주요 먹이는 풀무치처럼 벼과 식물입니다. 암컷이 가을 무렵 알을 낳고 죽으면, 그 상태로 겨울을 난 뒤 이듬해 여름 성충으로 모습을 드러내지요.

삽사리

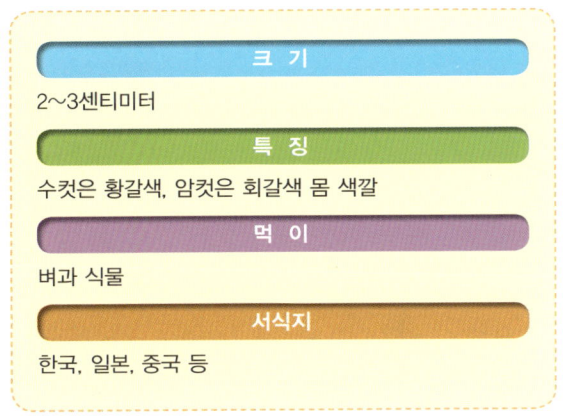

크 기
2~3센티미터
특 징
수컷은 황갈색, 암컷은 회갈색 몸 색깔
먹 이
벼과 식물
서식지
한국, 일본, 중국 등

　'섬나라메뚜기'라고도 합니다. 메뚜기목 메뚜기과에 속하는 곤충으로, 수컷이 앞날개와 뒷다리를 비벼 "삽사리, 삽사리" 하는 듯한 울음소리를 낸다고 해서 지금의 이름이 붙었지요. 주요 분포지는 한국, 일본, 중국 등입니다. 양지바른 들판이나 산이 높지 않은 풀숲 등에 주로 서식하지요.

　삽사리는 수컷의 경우 몸 전체가 황갈색을 띠는 특징이 있습니다. 암컷은 그보다 회갈색에 가깝고요. 몸길이는 2~3센티미터로, 수컷에 비해 암컷이 큰 편이지요. 삽사리는 암수 모두 날개가 짧습니다. 특히 암컷은 날개가 매우 짧아 거의 퇴화한 것처럼 보일 정도입니다.

　삽사리는 알에서 부화한 유충이 번데기 단계 없이 성충이 되는 불완전탈바꿈을 합니다. 성충은 대개 낮에 활동하면서 벼과 식물을 즐겨 먹지요.

83

상투벌레

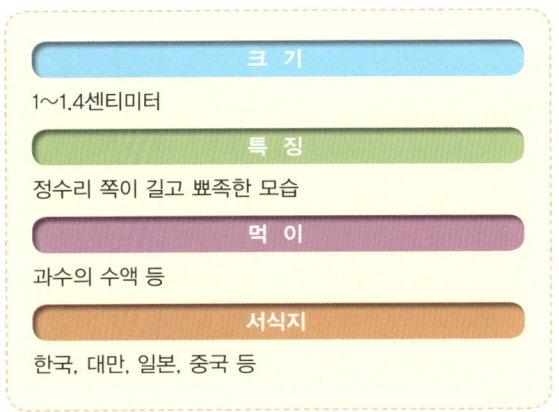

크 기
1~1.4센티미터

특 징
정수리 쪽이 길고 뾰족한 모습

먹 이
과수의 수액 등

서식지
한국, 대만, 일본, 중국 등

    매미목에 속하는 곤충입니다. 구체적으로 분류하면 남방상투벌레, 어리상투벌레, 고려상투벌레, 깃동상투벌레, 나카노상투벌레 등이 있습니다. 주요 분포지는 한국, 대만, 일본, 중국 등이지요. 뽕나무, 귤나무가 있는 과수원이나 초원, 밭에 주로 서식합니다.

    상투벌레의 몸길이는 1~1.4센티미터 정도입니다. 몸 색깔은 대개 황록색을 띠며, 연초록 바탕에 황갈색 줄무늬를 가진 개체도 흔히 볼 수 있습니다. 정수리 쪽이 마치 상투를 튼 것처럼 길쭉한 특징이 있으며, 날개가 투명한 것도 개성 있는 모습이지요. 또한 앞가슴등판에는 세 개의 융기선이 세로로 발달했습니다.

    상투벌레는 주요 서식지에서 짐작할 수 있듯 과수원과 밭 작물에 피해를 입히고는 합니다. 식물의 수액을 빨아먹고, 그 속에 알을 낳아 번식하기 때문이지요.

84
게아재비

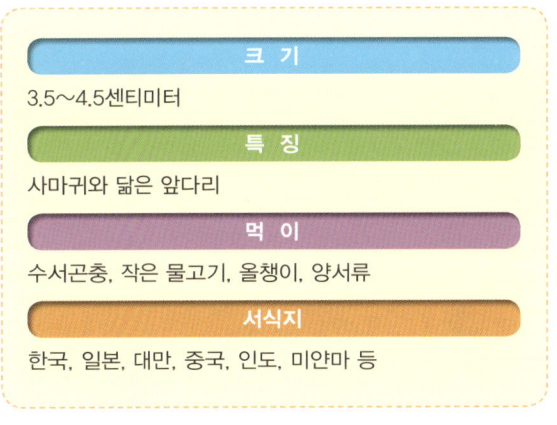

크기
3.5~4.5센티미터

특징
사마귀와 닮은 앞다리

먹이
수서곤충, 작은 물고기, 올챙이, 양서류

서식지
한국, 일본, 대만, 중국, 인도, 미얀마 등

'물사마귀'라고도 합니다. 겉모습과 생태가 사마귀와 비슷해 그렇게 불리지요. 사마귀와 닮은 앞다리로 먹잇감을 사냥하는 모습을 보면 누구나 물사마귀라는 이름에 공감할 만합니다. 게아재비는 노린재목 장구애비과에 속하는 수서곤충이지요. 주요 분포지는 우리나라를 비롯해 일본, 대만, 중국, 인도, 미얀마 등입니다.

게아재비의 몸길이는 3.5~4.5센티미터 정도입니다. 암컷의 몸길이가 수컷보다 조금 긴 편이지요. 몸 색깔은 윤기 나는 연한 갈색입니다. 그런 모습은 물풀과 잘 구별되지 않아 천적들로부터 자신을 보호하는 데 도움이 됩니다.

게아재비의 주요 서식지는 연못, 저수지, 호수 등입니다. 그곳에서 다른 수서곤충을 잡아먹거나 작은 물고기, 올챙이, 양서류 등을 포획해 체액을 빨아먹지요. 게아재비는 다리가 가늘고 길어 수영을 잘 못하지만 사냥 실력만큼은 매우 뛰어납니다.

85 참밑들이

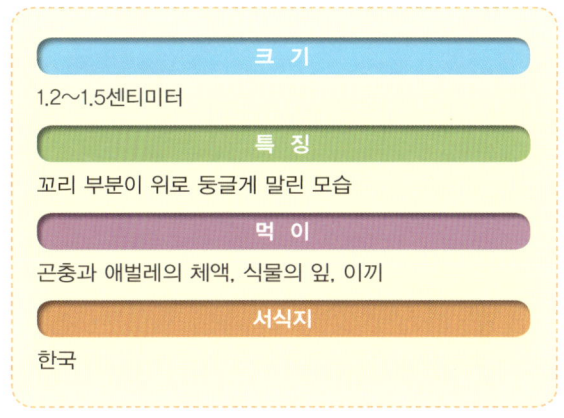

크 기
1.2~1.5센티미터

특 징
꼬리 부분이 위로 둥글게 말린 모습

먹 이
곤충과 애벌레의 체액, 식물의 잎, 이끼

서식지
한국

밑들이목에 속하는 곤충입니다. 우리나라에 분포하는 멸종 위기 종이지요. '밑들이'라는 말은 '밑이 들려 있다'라는 뜻을 갖고 있습니다. 실제로 참밑들이 수컷은 생식기가 있는 배 끝부분이 위쪽으로 들린 모습입니다.

참밑들이의 몸길이는 1.2~1.5센티미터 정도입니다. 꼬리 부분이 위로 둥글게 말린 개체를 보면 얼핏 전갈이 연상되지요. 몸 색깔은 대체로 수컷이 검은색, 암컷이 황갈색을 나타냅니다. 그리고 검은색 무늬가 불규칙하게 새겨진 커다란 날개를 가진 특징이 있지요. 앞으로 길게 돌출된 주둥이도 눈에 띄는데, 그것으로 다른 곤충과 애벌레의 체액을 빨아먹거나 식물의 연한 잎과 이끼 등을 잘게 씹어 먹을 수 있습니다.

참밑들이는 완전탈바꿈을 하는 곤충입니다. 주로 직사광선이 비치지 않는 계곡 근처 수풀 등에 서식하지요. 오염된 환경에는 잘 적응하시 못하는 것으로 알려져 있습니다.

86
칠성풀잠자리붙이

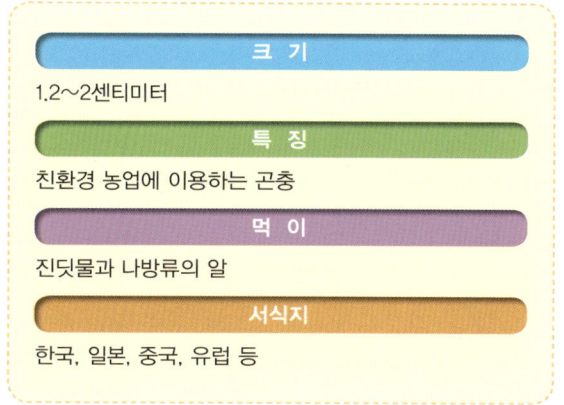

크 기
1.2~2센티미터
특 징
친환경 농업에 이용하는 곤충
먹 이
진딧물과 나방류의 알
서식지
한국, 일본, 중국, 유럽 등

풀잠자리목에 속하는 곤충입니다. 칠성풀잠자리붙이는 육식을 하는 포식성 곤충이지요. 이 종은 유충 때부터 성충 시기까지 줄곧 포식 활동을 하는 터라 농촌에서 해충을 방제하는 데 이용하기도 합니다. 농부들이 농약을 치는 대신 농작물에 해를 끼치지 않는 칠성풀잠자리붙이를 번식시켜 진딧물 등을 없애는 것이지요.

칠성풀잠자리붙이의 몸길이는 1.2~2센티미터 정도입니다. 몸 색깔은 초록색을 띠지요. 유충은 짙은 회갈색이며 돌기마다 털이 나 있는데, 번데기 과정을 거치는 완전탈바꿈으로 성충이 됩니다. 성충은 천적이 나타났을 때 분비샘에서 고약한 냄새를 풍기는 특징도 있지요.

칠성풀잠자리붙이는 앞서 설명한 진딧물 외에 나방류의 알 등도 포식합니다. 그리고 번식기가 되면 암컷이 알을 20~50개씩 무더기로 낳아 대를 잇지요.

노랑뿔잠자리

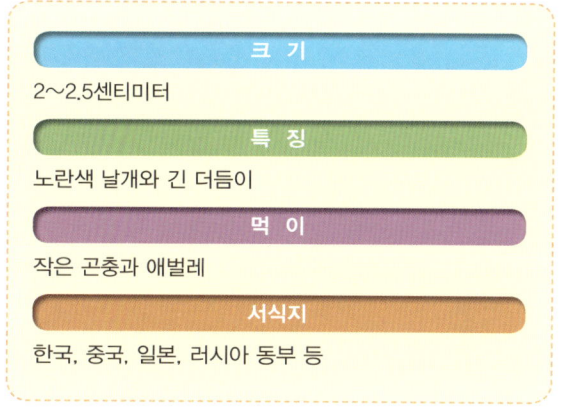

크 기
2~2.5센티미터
특 징
노란색 날개와 긴 더듬이
먹 이
작은 곤충과 애벌레
서식지
한국, 중국, 일본, 러시아 동부 등

　풀잠자리목에 속하는 곤충입니다. 풀잠자리목 곤충은 시맥이라고 하는 실핏줄 같은 가는 선 때문에 날개가 마치 그물망처럼 보이지요. 아울러 보통의 잠자리에 비해 눈이 작고 더듬이가 기다란 특징도 가졌습니다. 특히 이 종은 노란색 날개에 뿔 모양의 긴 더듬이가 있어 지금의 이름으로 불리게 됐지요.

　노랑뿔잠자리의 몸길이는 2~2.5센티미터 정도입니다. 몸 색깔은 전체적으로 검은색이며, 날개를 비롯한 몸 일부에 노란색이 보입니다. 이름에 잠자리라는 말이 들어 있지만, 어느 면에서는 겉모습이 나비를 더 닮았다고 할 수 있지요.

　노랑뿔잠자리의 주요 분포지는 한국, 중국, 일본, 러시아 동부 등입니다. 주로 활엽수림 근처의 풀숲에서 볼 수 있습니다. 애벌레와 성충 시기 모두 육식 먹이 활동을 합니다.

고마로브집게벌레

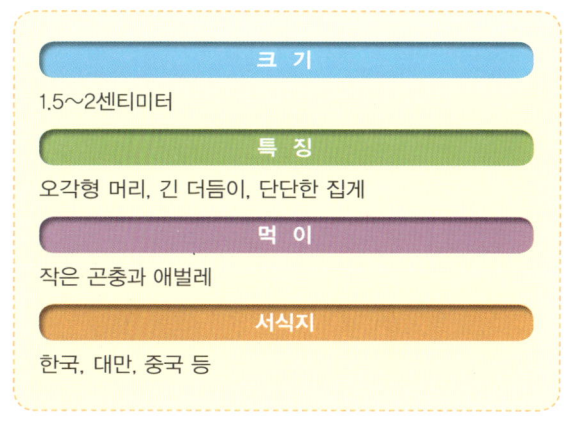

크 기
1.5~2센티미터

특 징
오각형 머리, 긴 더듬이, 단단한 집게

먹 이
작은 곤충과 애벌레

서식지
한국, 대만, 중국 등

  집게벌레목에 속하는 곤충입니다. 우리나라에서는 약 17종의 집게벌레 종류가 확인되었는데, 고마로브집게벌레의 경우 대만과 중국 등에도 분포합니다. 이 곤충은 사람을 물거나 바퀴벌레처럼 질병을 옮기지 않지만 겉모습 때문에 해충으로 인식되고는 하지요.

  고마로브집게벌레는 우리나라에서 쉽게 볼 수 있을 만큼 개체 수가 많습니다. 몸길이는 1.5~2센티미터 정도지요. 몸 색깔은 전체적으로 검은색을 띠며, 딱지날개와 다리 등은 흑적색을 나타냅니다. 오각형 머리와 긴 더듬이, 제법 단단해 보이는 집게도 눈길을 끄는 특징이지요. 뒷날개가 발달한 편이라 공중을 날아다닐 수도 있습니다.

  고마로브집게벌레는 주로 어둡고 습한 풀숲이나 나무껍질 틈에 서식합니다. 그곳에서 작은 곤충과 애벌레 등을 잡아먹으며 생활하지요. 낮보다는 밤에 활발히 활동하며, 암컷은 산란 후 곁에서 알을 보호하는 습성이 있습니다.

89
꽃등에

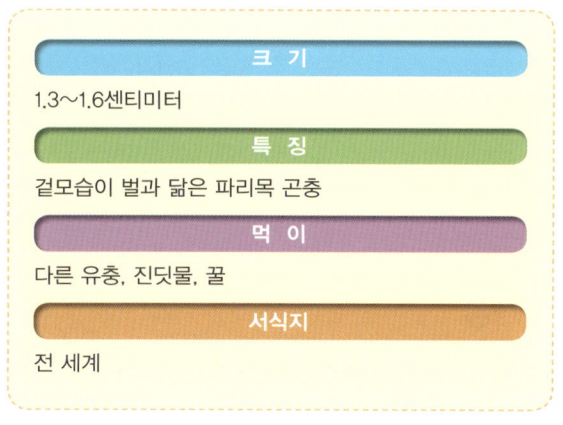

크 기
1.3~1.6센티미터
특 징
겉모습이 벌과 닮은 파리목 곤충
먹 이
다른 유충, 진딧물, 꿀
서식지
전 세계

　겉모습이 벌을 닮은 곤충입니다. 꽃밭에서 관찰되는 경우가 많아 자주 헷갈리고는 하지요. 꿀을 빨아먹고 꽃가루를 옮기는 생태까지 벌과 똑같습니다. 하지만 꽃등에는 벌을 흉내 낸 파리목 곤충으로, 우리나라뿐만 아니라 세계 각지에 분포하지요.

　꽃등에의 애벌레는 벌과 크게 다른 점이 있습니다. 종에 따라 개미집에 기생하거나 더러운 물에 살며, 거기서 다른 유충들을 포식해 영양분을 섭취하지요. 진딧물을 즐겨 잡아먹는 특징도 있고요. 꽃등에 애벌레는 '꼬리구더기'라고 불리기도 합니다.

　꽃등에의 몸길이는 1.3~1.6센티미터 정도입니다. 전체적으로 흑갈색을 띠는데, 배 부분은 황갈색이며 마디마다 검은 띠가 보이지요. 파리목 곤충이지만 동작이 민첩한 편은 아니며, 여름보다 봄가을에 더 많은 개체를 볼 수 있습니다.

파리매

크 기
2.5~2.8센티미터
특 징
검은 몸과 굵고 길게 발달한 다리
먹 이
등에, 파리, 벌, 잠자리, 풍뎅이 등
서식지
한국, 일본

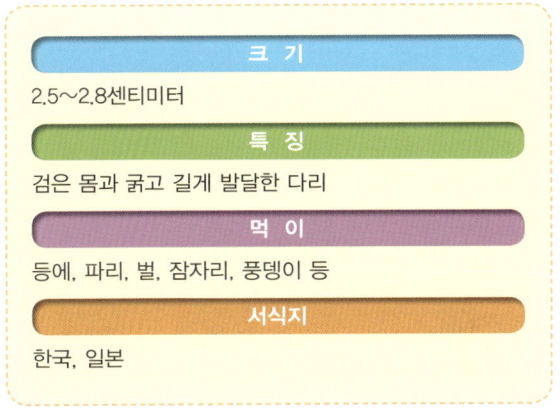

　파리목에 속하는 곤충입니다. 우리나라와 일본 등에 분포하지요. 공중에서 먹잇감을 낚아채는 모습이 매처럼 날렵해 보여 지금의 이름이 붙었습니다. 주로 여름에 나타나는 성충은 우리나라 전역의 산지에서 흔히 찾아볼 수 있지요.

　파리매는 파리목 곤충 중 몸이 큰 편입니다. 몸길이가 2.5~2.8센티미터에 이르지요. 전체적으로 검은색 몸에 갈색 털이 나 있으며, 얼굴 쪽에는 황색 가루가 덮여 있습니다. 다리가 굵고 길게 발달한 것도 개성 있는 모습이고요. 또한 수컷의 경우 꼬리 끝에 하얀 털 다발이 보이는 특징도 있지요.

　앞서 이야기했듯, 파리매는 사냥 실력이 아주 뛰어납니다. 공중을 날아다니다가 등에나 파리, 심지어 잠자리나 작은 풍뎅이까지 그대로 덮친 뒤 날카로운 주둥이를 꽂아 숨통을 끊어놓지요.

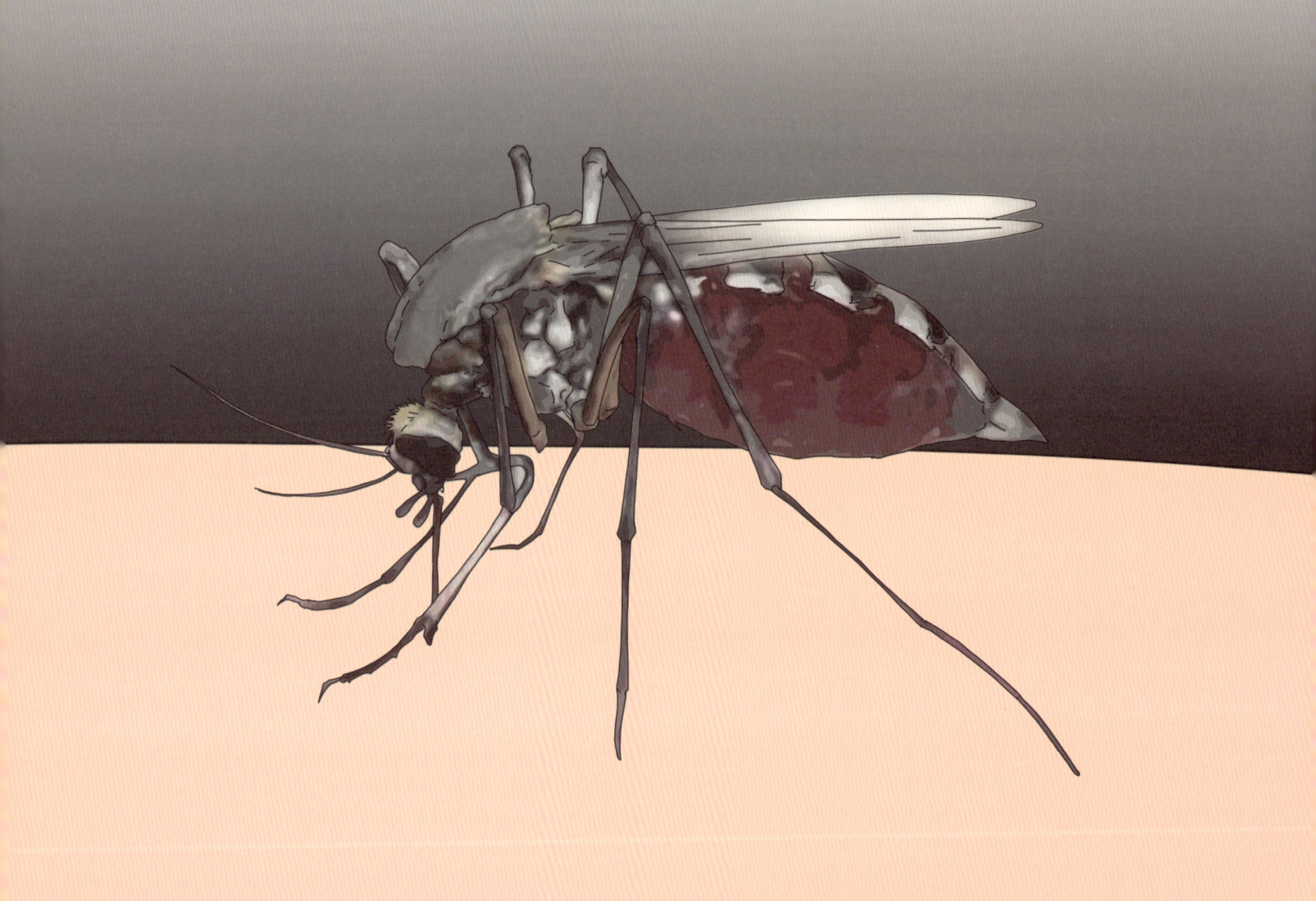

빨간집모기

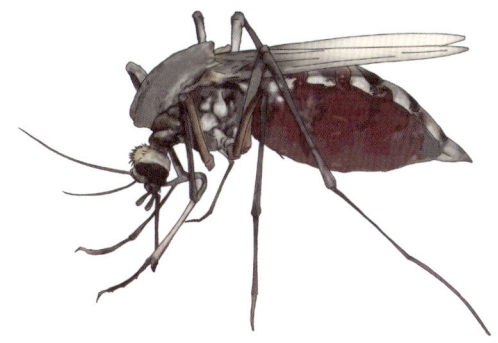

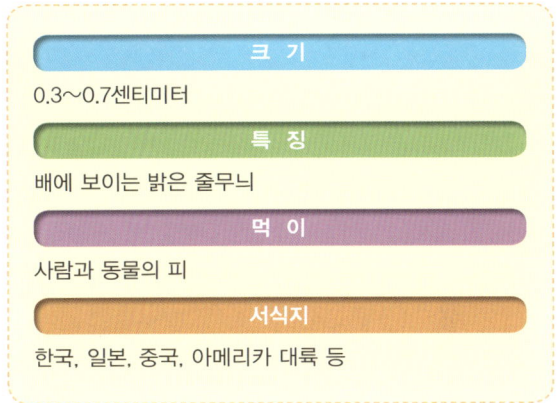

크 기
0.3~0.7센티미터
특 징
배에 보이는 밝은 줄무늬
먹 이
사람과 동물의 피
서식지
한국, 일본, 중국, 아메리카 대륙 등

 모기의 한 종류로, 파리목에 속하는 곤충입니다. 일본뇌염을 옮기는 주범으로 알려져 있지요. 동물을 사육하는 곳이나 사람들이 생활하는 공간에서 흔히 발견될 만큼 개체 수가 많습니다. 그냥 "모기"라고 하면 대부분 빨간집모기를 가리키지요.
 빨간집모기의 몸길이는 0.3~0.7센티미터 정도입니다. 몸 색깔은 옅은 갈색을 띠는데, 배 부분에 이 종의 특징인 밝은 줄무늬가 있지요. 또한 길고 뾰족한 주둥이는 누런색이며 비늘이 덮여 있습니다. 날개에 특별한 무늬는 나타나 있지 않지요.
 빨간집모기는 주로 야간에 활동하면서 사람을 비롯한 동물의 피를 빨아먹으며 생존합니다. 번식기가 되면 더러운 물이 고인 웅덩이 등에 알을 낳지요. 초여름부터 가을까지 활발히 활동하다가 집 안 하수구, 지하실, 동굴 등에서 겨울을 나기도 합니다.

어리아이노각다귀

크 기
1.4~1.7센티미터

특 징
모기를 연상시키는 겉모습

먹 이
흙속 유기물, 수액과 꿀

서식지
한국, 일본 등

파리목에 속하는 곤충입니다. 각다귀의 일종으로, 우리나라와 일본 등에 분포하지요. 풀이 우거진 들판에서 흔히 볼 수 있습니다. 얼핏 모기를 연상시키는 겉모습을 가졌지만 흡혈하는 습성은 전혀 갖고 있지 않지요.

어리아이노각다귀는 몸길이가 1.4~1.7센티미터 정도입니다. 아이노각다귀에 비해 크고, 몸 색깔 역시 전체적으로 더 짙은 흑갈색을 띠지요. 머리와 주둥이, 가슴, 배 등의 색깔은 조금 옅은 편입니다. 가운데가슴등판에 있는 세 개의 세로줄과 배에 있는 비교적 넓은 줄도 개성적이지요. 또한 투명한 날개에 그물망 같은 시맥이 보이는 특징도 있습니다.

어리아이노각다귀는 수액과 꿀을 빨아먹으며 살아갑니다. 유충 때는 습한 흙속에서 생활하며 각종 유기물을 섭취하지요. 완전탈바꿈을 하며 성장하는 곤충입니다.

93
말총벌

크 기
1.5~2센티미터

특 징
매우 긴 산란관을 가진 곤충

먹 이
하늘소의 번데기

서식지
한국, 일본 등

 '말총'은 말의 갈기나 꼬리털을 일컫습니다. 이 벌의 꼬리처럼 보이는 긴 산란관이 말총을 닮았다고 해서 지금의 이름이 붙었지요. 우리나라에서 산란관의 길이가 가장 긴 곤충이라고 할 수 있습니다. 말총벌은 벌목 고치벌과에 속하는 곤충으로, 한국과 일본 등이 주요 분포지입니다.

 말총벌은 하늘소의 번데기를 숙주로 성장하는 기생성 벌입니다. 수컷의 몸길이는 1.5센티미터 안팎, 암컷은 1.7~2센티미터에 이르지요. 그리고 암컷은 9~18센티미터에 달하는 긴 산란관을 갖고 있습니다. 그와 같은 산란관은 숙주에 알을 부착하는 데 효과적이지요.

 말총벌의 몸 색깔은 황적색을 띱니다. 더듬이는 검은색이며, 암컷의 경우 뒷날개 가운데 부분에 흑갈색 무늬가 있지요. 말총벌 유충은 하늘소의 번데기에 붙어 부화한 뒤 그것을 먹이삼아 성충이 됩니다. 그런데 성충의 수명은 일주일 내외로 매우 짧지요.

장수말벌

크 기
2.7~4.5센티미터

특 징
강한 독성을 가진 긴 독침

먹 이
다른 곤충, 수액, 과일, 꿀

서식지
한국, 일본, 대만, 중국, 인도 등

  벌목 말벌과에 속하는 곤충입니다. 우리나라를 비롯해 일본, 대만, 중국, 인도 등에 분포하지요. 말벌 종류 가운데 몸집이 가장 크며, 한반도에 서식하는 벌들 중에서도 최대 종으로 알려져 있습니다. 주로 높지 않은 산의 산림 지대에서 볼 수 있지요.

  장수말벌의 몸길이는 2.7~4.5센티미터 정도입니다. 몸 색깔은 전체적으로 검은색과 등황색을 띠지요. 커다란 머리는 적갈색이고, 가슴은 흑갈색이며, 갈색 더듬이를 갖고 있습니다. 또한 큰턱이 있어 땅을 파는 실력도 훌륭하지요. 실제로 장수말벌은 직접 땅굴을 만들거나 설치류가 파놓은 굴에 집을 짓습니다. 벽 틈이나 나무 구멍 등을 이용하기도 하고요.

  장수말벌은 잡식성입니다. 다른 곤충을 잡아먹거나 수액, 과일, 꿀 등을 먹지요. 길이가 0.6센티미터 안팎에다 강한 독성을 가진 독침이 있어 상대에게 큰 위협이 됩니다.

95

어리별쌍살벌

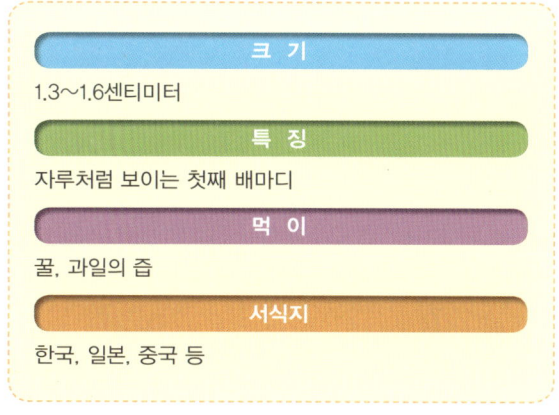

크 기
1.3~1.6센티미터
특 징
자루처럼 보이는 첫째 배마디
먹 이
꿀, 과일의 즙
서식지
한국, 일본, 중국 등

　우리나라의 쌍살벌은 9종이 알려져 있습니다. 어리별쌍살벌 외에 뱀허물쌍살벌, 두눈박이쌍살벌, 등검정쌍살벌, 별쌍살벌, 꼬마쌍살벌 등이 그것입니다. 모두 벌목 말벌과에 속하는 곤충이지요. 한반도를 비롯해 일본, 중국 등에 분포합니다.

　어리별쌍살벌의 몸길이는 1.3~1.6센티미터 정도입니다. 몸 색깔은 전체적으로 짙은 갈색이며, 가슴에서 황갈색 무늬를 찾아볼 수 있지요. 또한 얼굴 아래쪽이 붉은빛을 띠고, 말벌과 달리 첫째 배마디가 자루처럼 보이는 것도 개성 있는 모습입니다.

　어리별쌍살벌은 꿀을 주식으로 삼기 때문에 꽃이 많은 곳에서 자주 발견됩니다. 그 밖에 과일의 즙도 즐겨 먹지요. 그리고 어리별쌍살벌은 번데기 과정을 거치는 완전탈바꿈을 하는 곤충입니다. 유충 때는 어미가 잡아다 주는 나비류의 애벌레를 먹고 성장합니다.

96
나나니

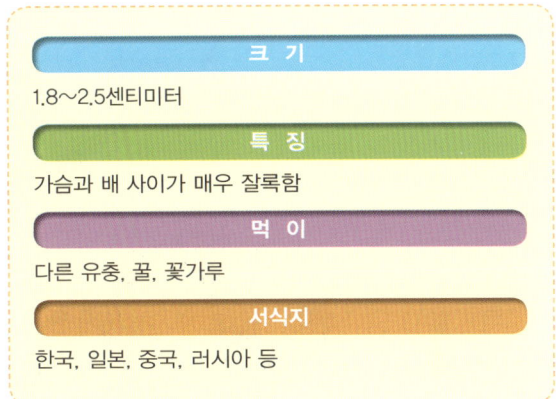

크 기
1.8~2.5센티미터

특 징
가슴과 배 사이가 매우 잘록함

먹 이
다른 유충, 꿀, 꽃가루

서식지
한국, 일본, 중국, 러시아 등

벌목 구멍벌과에 속하는 곤충입니다. 한국, 일본, 중국, 러시아 등에 분포하지요. 꽃이 피어 있는 강변의 수풀이나 풀밭에서 찾아볼 수 있습니다.

나나니의 몸길이는 1.8~2.5센티미터 정도입니다. 몸 색깔은 전체적으로 검은색이며, 배 일부가 주황색을 띠지요. 투명한 날개는 회갈색이고, 얼굴에 미세한 털이 나 있습니다. 무엇보다 나나니는 가느다란 몸, 특히 가슴과 배 사이가 매우 잘록한 모습이 특징입니다. 또한 턱이 발달해 먹이를 물어오거나 흙을 파낼 때 유용하게 사용하지요.

나나니는 번식 활동도 독특한 방식으로 합니다. 나비나 나방류의 애벌레를 마취시켜 땅 속에 묻은 다음 그 몸에 알을 낳아 유충이 먹고 자라게 하지요. 심지어 다른 나나니의 애벌레를 숙주로 삼기도 합니다. 하지만 성충이 되고 나면 대부분의 벌처럼 꿀과 꽃가루만 먹이로 삼습니다.

97
일본왕개미

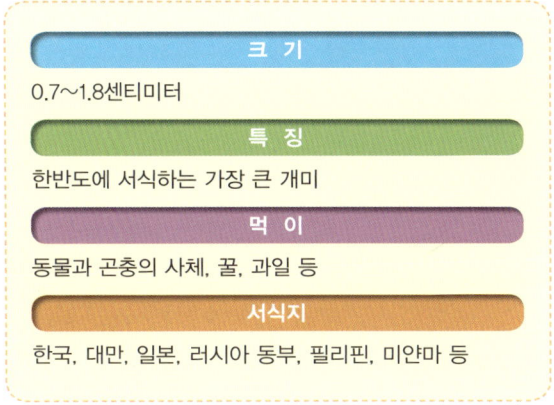

크 기
0.7~1.8센티미터

특 징
한반도에 서식하는 가장 큰 개미

먹 이
동물과 곤충의 사체, 꿀, 과일 등

서식지
한국, 대만, 일본, 러시아 동부, 필리핀, 미얀마 등

    벌목 개미과에 속하는 곤충입니다. '검정왕개미'로 불리기도 하지요. 한국, 대만, 일본, 러시아 동부, 필리핀, 미얀마 등에 분포합니다. 한반도에 서식하는 개미 중에는 가장 큰 종이지요. 또한 우리의 생활공간에서 흔히 볼 수 있는 개미이기도 합니다.

    일본왕개미의 몸길이는 0.7~1.8센티미터 정도입니다. 여왕개미가 가장 크고, 수개미와 일개미는 비슷하지요. 여왕개미는 크기도 하지만 가슴이 발달한 데다 투명한 갈색 날개를 가져 눈에 더 잘 띕니다. 몸 색깔은 전체적으로 검은색이지요. 다리와 주둥이 같은 말단 부분은 짙은 갈색을 띠기도 하고요.

    일본왕개미는 잡식성입니다. 동물과 곤충의 사체부터 꿀, 과일 등 이것저것 먹어치우지요. 일본왕개미는 매년 5~9월 여왕개미와 수개미가 날아올라 결혼비행을 하는 장관을 연출합니다. 그 후 한 마리의 여왕개미를 중심으로 수백, 수천 개체가 군집 생활을 하지요.

고추잠자리

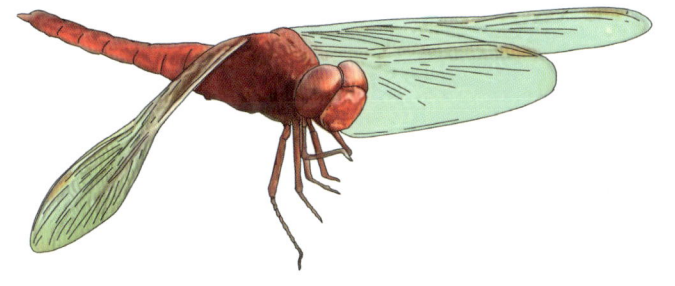

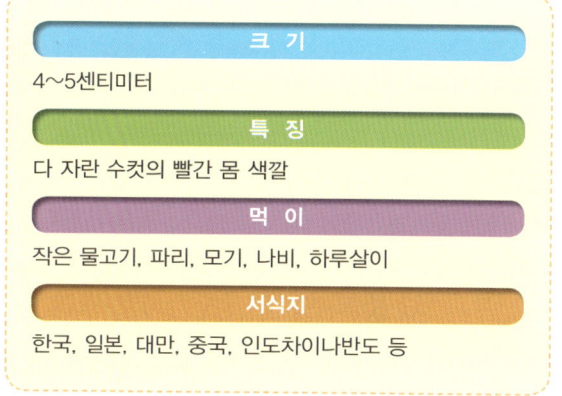

크 기
4~5센티미터
특 징
다 자란 수컷의 빨간 몸 색깔
먹 이
작은 물고기, 파리, 모기, 나비, 하루살이
서식지
한국, 일본, 대만, 중국, 인도차이나반도 등

　우리나라를 비롯해 일본, 대만, 중국, 인도차이나반도 등에 분포하는 잠자리입니다. 다 자란 수컷의 색깔이 고추처럼 붉어 지금의 이름이 붙었지요. 유충은 연못, 늪, 저수지처럼 고인 물이 있는 곳에 서식합니다. 그 시기는 송사리 같은 작은 물고기나 올챙이 등을 먹이로 삼고 성충이 되면 파리, 모기, 나비, 하루살이 등을 잡아먹습니다.

　고추잠자리의 몸길이는 4~5센티미터 정도입니다. 수컷과 달리 암컷은 완전히 성장한 뒤에도 몸 색깔이 옅은 오렌지빛을 띠지요. 번식기의 암컷은 배 끝부분으로 수면을 치듯이 하는 동작을 반복하며 수생식물에 알을 낳습니다. 부화한 유충은 대략 10개월 남짓 물속에서 성장한 다음 번데기를 거치지 않는 불완전탈바꿈으로 성충이 되지요. 나뭇가지에 애벌레 상태로 거꾸로 매달린 채 우화하는 것입니다.

99
나비잠자리

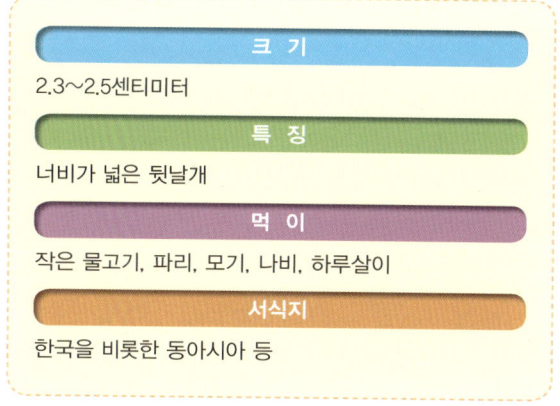

크 기
2.3~2.5센티미터

특 징
너비가 넓은 뒷날개

먹 이
작은 물고기, 파리, 모기, 나비, 하루살이

서식지
한국을 비롯한 동아시아 등

　이름에서 알 수 있듯, 나비 날개 같은 뒷날개를 가진 잠자리입니다. 날개의 색깔도 아름다워 하늘을 날아다니는 모습이 어여쁘지요. 우리나라를 비롯한 동아시아에 분포합니다. 많은 개체가 하천이나 연못 주변을 무리지어 날아다니는 습성이 있지요.

　나비잠자리의 몸길이는 2.3~2.5센티미터 정도입니다. 다른 잠자리에 비해 뒷날개의 너비가 넓은 특징이 있지요. 몸 색깔은 전체적으로 푸른빛이 도는 검은색을 띱니다. 가늘고 짧은 배도 주목할 만한 개성이지요. 그에 따라 날개가 상대적으로 더 커 보이는 효과가 있으니까요. 또한 날개의 색깔 역시 윤기 나는 흑청색인데, 대체로 앞날개의 끝부분 3분의 1 정도만 투명한 점도 눈길을 끕니다.

　나비잠자리의 번식 활동과 먹이 활동은 여느 잠자리와 비슷합니다. 유충이 나뭇가지 등에 거꾸로 매달려 우화하는 생태도 똑같지요.

왕잠자리

크 기
5~5.5센티미터

특 징
성별에 따라 날개 아래쪽 배 색깔이 다름

먹 이
작은 물고기, 파리, 모기, 나비, 하루살이

서식지
한국을 비롯한 동아시아 및 유럽 등

  우리나라를 비롯한 동아시아와 유럽 등에 분포하는 대형 잠자리입니다. 몸길이가 5~5.5센티미터에 달하지요. 몸 색깔은 대체로 녹황색인데, 날개 아래쪽 배 색깔에 따라 암수를 구별하는 것이 가능합니다. 그 부분이 수컷은 푸른색, 암컷은 황록색에 가깝지요. 나머지 배 부분 색깔은 암수 모두 흑갈색입니다.

  왕잠자리는 오염된 하천 주변에서도 자주 목격될 만큼 환경 적응력이 뛰어납니다. 또한 여느 잠자리에 비해 높이 날아오르며, 비행 속도도 빠른 특징이 있지요. 먹이 활동도 활발해서 모기 등 다른 곤충뿐만 아니라 몸집이 작은 잠자리 종류까지 즐겨 잡아먹습니다. 유충 때도 물속에서 물벼룩, 장구벌레, 송사리, 올챙이 등을 닥치는 대로 포획하며 성장하지요. 유충의 입에는 갈고리 모양의 구조가 있어 사냥하기 적합합니다.

생생화보로 배우는
곤충사전

생생화보로 배우는
곤충사전

초판 인쇄 2025년 02월 17일
초판 발행 2025년 02월 22일

지은이 콘텐츠랩
펴낸이 진수진
펴낸곳 굿키즈북스

주소 경기도 고양시 일산서구 대산로 53
출판등록 2013년 5월 30일 제2013-000078호
전화 031-911-3416
팩스 031-911-3417

*본 도서는 무단 복제 및 전재를 법으로 금합니다.
*가격은 표지 뒷면에 표기되어 있습니다.